建筑 3D 打印技术应用与发展研究

陈磊 著

延吉 · 延边大学出版社

图书在版编目（CIP）数据

建筑 3D 打印技术应用与发展研究 / 陈磊著. -- 延吉:
延边大学出版社, 2023.8
ISBN 978-7-230-05404-1

Ⅰ. ①建… Ⅱ. ①陈… Ⅲ. ①快速成型技术－应用－建筑工程－工程施工－研究 Ⅳ. ①TB4②TU7

中国国家版本馆 CIP 数据核字(2023)第 166833 号

建筑3D打印技术应用与发展研究

著　　者：陈　磊
责任编辑：李　利
封面设计：文合文化
出版发行：延边大学出版社
地　　址：吉林省延吉市公园路977号　　邮　编：133002
网　　址：http://www.ydcbs.com　　E-mail：ydcbs@ydcbs.com
电　　话：0433-2732435　　传　真：0433-2732434
印　　刷：延边延大兴业数码印务有限责任公司
开　　本：787毫米×1092毫米　1/16
印　　张：9
字　　数：170千字
版　　次：2023年8月第1版
印　　次：2023年9月第1次印刷
书　　号：ISBN 978-7-230-05404-1

定　　价：58.00 元

前　言

建筑 3D 打印技术作为一种新兴的数字化制造技术，在现代建筑领域得到了广泛应用。建筑 3D 打印技术起源于 20 世纪 80 年代的快速成型技术，经过多年的发展演变才逐渐应用于建筑领域。建筑 3D 打印技术在建筑领域的应用非常广泛。其可以制造出各种形状复杂的建筑构件，大大提高了建筑设计的自由度。此外，建筑 3D 打印技术还可以实现高度定制化的建筑设计，为建筑领域带来了更多的可能性。随着各种材料的不断改进和精度的提高，建筑 3D 打印技术逐渐成为一种新兴的数字化制造技术。随着科学技术的发展，建筑 3D 打印技术也在不断地更新和完善，其在建筑制造中的优势日益凸显。本书旨在探讨建筑 3D 打印技术的应用与发展，希望能够让读者对该领域有更深入的了解，具体内容安排如下。

本书首先介绍了 3D 打印的定义以及 3D 打印的流程，概述其 3D 打印成形工艺，对光固化成形、熔融沉积制造、选择性激光烧结、选区激光熔化、三维印刷成形等工艺进行叙述，分析 3D 打印材料技术，介绍 SLA 工艺成型材料、LOM 工艺成型材料、SLS 工艺成型材料等相关内容；其次研究了 3D 建模理论基础，研究了 3D 模型设计、草图设计、零件设计、曲面设计等相关内容；最后针对 3D 打印与传统技术结合、3D 建筑打印技术的发展路径展开研究。

在本书的编写过程中，作者使用了一些他人的研究资料和成果，在此向这些作者和研究者表示由衷的感谢。专家们的研究成果为本书的编写提供了宝贵的支持和帮助，所使用的大部分资料来源已标注在文后的参考文献中，如果有参考文献遗漏的情况，我深表歉意，还望相关专家海涵。最后，我想向读者表达我的感激之情，感谢您花费时间阅读本书，希望本书能够为您提供有价值的信息和启示，同时让我们共同期待未来建筑 3D 打印技术的创新发展。

前言

目　录

第一章　打印技术

第一节 3D 打印的定义

一、3D 打印的定义

大多数人首次听到 3D 打印时，就会联想到常见的 2D 打印机，但二者是不同的。2D 打印机和 3D 打印机最大的区别是维度问题，2D 打印机是二维打印的，在平面纸张上喷涂彩色墨水，而 3D 打印机可以制造三维物体。其实 3D 打印的原理和 2D 打印类似，只不过 2D 打印的打印材料是墨水和纸张，而 3D 打印机内装有金属、陶瓷、塑料、砂等不同的“打印材料”，通过电脑控制可以把“打印材料”层层叠加起来，最终形成三维实物。设想用 2D 打印机在 500 张白纸上打印出相同的圆形，并把它们剪下来粘叠到一起，就做成了一个圆柱体，这就是 3D 打印的基本原理。如果将白纸上的圆形打印成一个零件不同的截面的形状，用相同的方法粘贴到一起，就可以构成形状更加复杂的零件了。

3D 打印（3DPrinting）技术，也称为增材制造或增量制造（Additive manufacturing）技术，它是一种快速成型技术，是以三维数字模型文件为基础，运用粉末状金属或塑料等材料通过连续的物理层叠加，即逐层增加材料来生成三维实体的一项成型技术。

二、3D打印的发展和应用

（一）3D打印的发展历程

1.3D打印国外发展历程

1984年，查尔斯·赫尔（Charles Hull）发明了将数字资源打印成三维立体模型的技术。1986年，Helisys公司的迈克尔·费金（Michael Feygin）研制出薄材叠层制造成型法（Laminated Object Manufacturing，LOM）。同年，查尔斯·赫尔发明了立体光刻工艺（Stereolithography，SLA）并获得了专利，即利用紫外线照射将树脂凝固成型，以此来制造物体。随后他成立了一家名为3D Systems的公司专注于3D打印技术的研发，并于1988年生产出了第一台体型庞大的3D打印机SLA-250。同年，斯科特·克伦普（Scott Crump）发明了另外一种3D打印技术——熔融沉积成型法（Fused Deposition Modeling，FDM），即利用蜡、ABS、PLA、尼龙等热塑性材料来制作物体。1989年，德沙尔（C.R.Dechard）博士发明了选区激光烧结（Selective Laser Sintering，SLS）技术。这种技术扩大了打印材料的选择范围，可利用高强度激光将石蜡、尼龙、金属、丙烯腈－丁二烯－苯乙烯共聚物、陶瓷等材料粉末烤结、成型。1991年，LOM设备上市销售。1992年DTM公司的SLS技术系统机上市销售。同年，Stratasys公司的FDM技术系统机上市销售。1993年，麻省理工学院教授埃马努埃尔·萨克斯（Emanuel Sachs）创造了三维打印技术（Three-Dimensional Printing，3DP），其可将金属、陶瓷的粉末通过粘结剂粘在一起成型。1995年，麻省理工学院修改了喷墨打印机方案，不再把墨水喷射在纸张上，而是将约束溶剂喷射到粉末床上，开发了基于3DP技术的系统机，随后又创立了现代的三维打印企业Z Corporation。1996年，3D打印企业——3D Systems、Stratasys、Z Corporation分别推出了型号为Actua2100、Genisys、2402的三款3D打印机产品，并第一次使用了“3D打印机”的名称。

2005年，Z Corporation推出了世界上第一台高精度彩色3D打印机——Spectrum Z510。同年，英国巴斯大学的阿德里安·鲍耶（Adrian Bowyer）发起了开发3D打印机的RepRap项目，目标是通过3D打印机本身制造出另一台3D打印机。2008年，基于RepRap项目的首个3D打印机发布，命名为Darwin，它可以打印自身一半的元件，且体积很小。同年，Objet Geometries公司推出全球首台同时使用不同材料的打印机Connex500。

2010 年，第一台用 3D 打印机打印的轿车车身完成，它的所有外部组件都由 3D 打印制作完成，包括玻璃面板等（由 Dimension3D 打印机和由 Stratasys 公司数字生产服务项目 RedEye On Demand 提供的 Fortus3D 成型系统制作完成），同时，生物打印机、房屋等也先后由 3D 打印机完成。2011 年 8 月，英国南安普顿大学的工程师制造出世界上第一架 3D 打印的飞机。同年 9 月，维也纳科技大学开发了更小、更轻、更便宜的 3D 打印机并进行量产，这个超小型 3D 打印机重 1.5kg，当时报价约 1200 欧元。同年，又先后出现了 3D 巧克力打印机、3D 骨骼打印机、3D 服装打印机等。2012 年 3 月，维也纳大学的研究人员宣布利用二光子平板印刷技术突破了 3D 打印的最小极限，展示了一辆长度不到 0.3 mm 的赛车模型。同年 7 月，比利时的 International University College Leuven 的一个研究组测试了一辆几乎完全由 3D 打印技术制造的小型赛车，其时速达到了 140km。同年 12 月，美国分布式防御组织成功测试了 3D 打印的枪支弹夹。2013 年，先后出现了 3D 打印人造耳朵、3D 打印足球鞋、3D 打印笔、3D 打印金属整枪等。2015 年 3 月，美国 Carbon3D 公司发布了一种新的光固化技术——连续液态界面制造技术（Continuous Liquid Interface Production，CLIP），即利用氧气和光连续地从树脂材料中导出模型，该技术比之前的 3D 打印技术要快 25～100 倍。

进入 21 世纪后，3D 打印技术迅速发展，很多国家都已加入 3D 打印技术的研发与应用中来。

2.3D 打印国内发展历程

我国 3D 打印技术的起步并不晚，对 3D 打印技术的研发已经有了 20 多年的探索和积累，在核心技术方面具有先进的一面，但是在产业化方面的发展稍显滞后。1988 年，正在美国加州大学洛杉矶分校做访问学者的颜永年，偶然得到了一张工业展览宣传单，其中介绍了快速成型技术。10 月底回国后，颜永年就转攻这一领域，并多次邀请美国学者来华讲学，还建立了清华大学激光快速成型中心（CLRF）。1990 年，华中科技大学王运赣教授在美国参观访问时接触到了刚问世不久的快速成型机。1991 年，华中科技大学成立快速制造中心，研发基于纸材料的快速成型设备。1994 年，华中科技大学快速制造中心研制出国内第一台基于薄材纸的 LOM 样机，在 1995 年参加北京机床博览会时引起轰动。LOM 技术制作冲模，其成本约比传统方法节约 1/2，生产周期也大幅缩短。

1992 年，西安交通大学卢秉恒教授（国内 3D 打印业的先驱人物之一）赴美做高级访问学者，发现了快速成型技术在汽车制造业中的应用，回国后随即转向研究这一领域，并于 1994 年成立先进制造技术研究所。1995 年 9 月 18 日，卢秉恒教授的样机在国家科委论证会上获得很高的评价，并争取到“九五”国家重点科技攻关项目 250 万元的资助。1997 年，卢秉恒团队卖出了国内第一台光固化快速成型机。1998 年，清华大学的颜永年又将快速成型技术引入生命科学领域，提出“生物制造工程”学科概念和框架体系，并于 2001 年研制出生物材料快速成型机，为制造科学提出一个新的发展方向。

2015 年 2 月 28 日，我国工信部颁布的《国家增材制造产业发展推进计划（2015—2016 年）》是 3D 打印发展的一个“风向标”。2015 年 8 月，李克强在国务院先进制造与 3D 打印专题讲座上指出：“3D 打印是制造业有代表性的颠覆性技术，实现了制造从等材、减材到增材的重大转变，改变了传统制造的理念和模式，具有重大价值。”

（二）3D 打印的应用领域

随着计算机的普及和应用以及 3D 打印技术的发展，基于 3D 打印技术的计算机辅助制造已经广泛应用到各个行业。3D 打印技术与网络技术的结合，创造了一个“互联网+3D 打印机”的新型商业模式。经过多年的发展研究，3D 打印技术形成了一整套的生产体系，几乎涉及所有领域，已经成为现代模型、模具和零部件制造的有效手段。目前，3D 打印技术已经在医疗、汽车、军事、建筑、时尚、食品、考古等领域得到了广泛应用。从趋势上看，在航空器和医学的牙科领域的增速较快。

1.3D 打印在医疗保健中的应用

3D 打印最有利于社会和人民的就是在医疗行业的应用，它弥补了传统医学所做不到的方面，为医生的治疗方案提供了更多的可能性。国内医疗行业对 3D 打印技术的应用始于 20 世纪 80 年代后期，最初主要用于快速制造 3D 医疗模型，当时 3D 打印技术主要用来帮助医生与患者沟通、准确判断病情以及进行手术规划。近年来，随着 3D 打印技术的发展和精准化、个性化医疗需求的增长，3D 打印技术在医疗行业的应用在广度和深度方面都得到了显著发展。在应用的广度方面，从最初的医疗模型快速制造，逐渐发展到利用 3D 打印技术直接制造助听器外壳、植入物、复杂手术器械和药品。在应用的深度方面，由 3D 打印没有生命的医疗器械向 3D 打印具有生物活性的人工组织、器官的方向发展。

（1）齿科应用

由于 3D 打印数字化的优势，使其可以满足个性化的要求。现在 3D 打印技术在义齿、义眼、假肢、支架、骨科植入物等方面都有应用。以义齿为例，目前我国绝大部分人都有不同程度的牙齿问题，每个人的牙齿形状结构又不尽相同。3D 打印的优势在于可以对需要安装假牙的患者进行口腔扫描，根据扫描数据使用 3D 打印机来打印牙齿，最后安装。这样制作出来的牙齿更符合患者本身的齿形，减少磨合时间。对于需要矫正牙齿的客户，传统的牙齿矫正使用金属制成的托槽来引导牙齿移动，矫正过程非常痛苦，而且非常难看。隐形牙套恰恰满足了这些人的需求，使用 3D 打印技术制作多副牙套，每一到两个星期更换一副，可逐步实现牙齿矫正。

（2）修复骨骼

3D 生物打印属于 3D 打印技术研究的前沿领域，是极具意义和价值的一项技术。通过对人造器官的制造，代替人体组织器官，从而缓解目前人体组织器官匮乏的问题。

例如，假肢的制作，每一位残疾人对于假肢的需求不同，因此每个假肢制造过程的个性化导致假肢的成本较高，而 3D 打印机的出现解决了这些个性化制造的问题。对于需要切除骨骼的患者来讲，可以通过 3D 打印机来打印用于替换人体骨骼的钛合金“骨骼”。与传统的金属骨骼相比，3D 打印“骨骼”不但尺寸非常精确，而且带有可供骨头长入的孔隙（打印出来呈网状结构），相邻骨头在生长的过程中会进入孔隙，使真骨头与假骨头之间牢固地结成一体，使患者的恢复期缩短。又比如 3D 打印支架，以前用传统方式制作的组织工程支架容易导致支架的结构孔径不合适、细胞体积不匹配等问题，而 3D 打印技术制造出的支架由于细胞黏附性、组织扩展性都很强，故能很好地解决上述问题。

（3）制作医疗康复器械

3D 打印可以制作医疗康复器械，其为矫正鞋垫、仿生手、助听器等康复器械带来的真正价值不仅仅是实现精准的定制化，更主要体现在让精准、高效的数字化制造技术代替手工制作方式，缩短生产周期。下面以已经实现 3D 打印并批量定制化生产的助听器外壳产业为例来看看 3D 打印在这方面的应用。

在传统的方式下，技师需要通过患者的耳道模型做出注塑模具，然后通过加入紫外线吸收剂并注塑成型得到塑料产品，并对塑料产品进行钻音孔和手工处理后得到助听器最终形状。如果在这一过程中出错，需要重新制作模型。若使用 3D 打印机制作助听器，始于患者耳道硅胶模或印模的设计，这个步骤是通过三维扫描仪来完成的，然后用 CAD（Computer Aided Design，计算机辅助设计技术）软件将扫描数据转为 3D 打印机可读取的设计文件，设计者可以通过软件来修改三维模型，创建最终的产品形状。

（4）完成手术预演

3D 打印还可以做手术预演。手术预演模型的制作一般是医院先通过 CT（Computed Tomography，电子计算机断层扫描）、MRI（Magnetic Resonance Imaging，核磁共振）等造影设备扫描患者的患处组织或骨骼，将获取的二维数据导入 Mimics 等软件中进行三维重建，最终获得 stl 格式的三维模型，并通过 3D 打印机打印出来。这种 3D 打印技术方案主要用于高难度的手术，在手术前进行演练可以使医生在真正手术时操作更准确，并缩短手术时间，从而减少出血量。

（5）制作药品

3D 打印技术还可以用来制作药品。这项技术对制药的影响主要体现在四个方面：一是可以实现药物活性成分的个性化定制。二是剂量的个性化定制，为患者提供个性化治疗方案。这种一层一层的打印方法，可以把不同的涂层彼此紧密地结合在一起，因此可以将某种物质的最大剂量置入一粒药片中，这样病人可以吞服少量或较小的药片。三是可以实现形状的个性化定制。对于不喜欢吃药的儿童可以通过 3D 打印技术打印出各种形状有趣的药物，哄宝宝乖乖吃药。四是通过 3D 打印技术使药物拥有特殊的微观结构，改善药物的释放行为，从而提高疗效并降低副作用。

3D 打印技术在医疗上的应用已经非常广泛，或许未来可以制造出能够发挥特定功能的人体器官，比如肾脏、鼻子、耳朵、心脏、眼角膜等，一旦这些生物 3D 打印组织能够发挥器官本身的功能，器官移植将变得不再那么艰难，这将会治愈更多的患者。随着 3D 打印技术的逐渐成熟，未来整体医疗水平将会大大提高。

2.3D 打印在汽车制造中的应用

现在，人们对于汽车的需求日益多样化，汽车生产厂家在汽车的外形和性能方面都随之进行了不同的设计变化，使得在汽车生产中有很多非标准件的使用，其设计、开模、加工费用都比较高。而 3D 打印技术的出现，能够很好地解决这些问题。有人说 3D 打印技术将成为汽车行业的一次重大突破，极有可能颠覆传统的“四大工艺”。3D 打印在汽车行业的应用贯穿整个生命周期。3D 打印在汽车领域的早期应用主要集中在研发阶段的造型评审和设计验证，随着 3D 打印技术的不断发展，以及汽车零部件厂商对 3D 打印技术认知度的提高和汽车行业自身发展的需求，3D 打印技术在汽车行业的应用将向功能零部件扩展。

3D 打印技术已渗透至汽车研发、产品设计、零部件制造和汽车维修等多个环节。从设计方面来说，3D 打印能够更准确地将 3D 设计图转换成实物，可使汽车生产者将其应用于汽车外形的设计开发。例如，奔驰设计中心将 3D 打印技术应用到车辆的造型设计。从零部件制作方面来讲，3D 打印可应用于快速生产复杂的汽车零部件。在传统汽车制造领域，汽车零部件的开发既需要长时间的测试校正，还需要制作零件模具，时间长、成本高。而 3D 打印技术能够快速准确地制造较复杂的零部件，如果零件不合适，只需要及时修改 3D 打印文件再次制作即可，节省了模具开发的资金，成本更低，效率更高。

（1）汽车的设计研发

2013 年 3 月 1 日，世界首款 3D 打印汽车 Urbee 面世，这是一款三轮混合动力汽车，多数零部件来自 3D 打印。Urbee 汽车造型奇特，拥有像鼠标一样的外形，三个轮子，采用混合动力。仅看车型，很难想象这是一款可以行驶的汽车，更何况其零部件基本上都是采用 3D 打印制造出来的。据设计者介绍，该车在 2013 年的成本为 5 万美元。整个车身使用 3D 打印技术一体成型，使其具有其他片状金属材料所不具有的可塑性和灵活性。整车的零件打印只需要耗时 2500 个小时，工人将各个零部件进行组装即可，大幅缩短了生产周期。这个成功案例的出现，使很多业内人士看好 3D 打印在汽车方面的应用，并认为如果用 3D 打印制造生产模具，有望使汽车制造更快更好。

（2）汽车的零部件制造

发动机作为汽车的主要动力来源，其性能的改善对汽车尤为重要。位于加利福尼亚州的圣克拉拉，其技术部门为了改善赛车队中赛车的发动机性能，通过选择性激光增材（SLM）制造技术制造出一款新的发动机气缸盖。这种发动机气缸盖能够提高发动机表面的散热面积，减少振动、减轻重量。通过内部的独特造型技术，减少了 66%的汽缸盖重量，表面面积也从 823cm^2 增加到 6052cm^2，通过晶格结构制造复杂的组织，使其具有更好的冷却性能，这对于赛车至关重要。

（3）汽车的后市场

针对汽车后市场中的汽车维修工作，3D 打印也有着其独特的优势。就汽车行业来说，由于品牌繁杂，车型多样，很难有哪个维修店会配齐所有的零配件，而且有的车辆使用年限较久，车型下线，生产商已经不再供应相应的零配件，这些都给汽车维修工作带来困难。对于 4S 店或者维修店，零配件没有库存或有些紧缺的零配件就需要单独开模，增加了成本。如果采用 3D 打印技术，在汽车零部件制造过程中保留零部件的生产参数及模型文件，就可以直接使用 3D 打印机按照之前的参数打印出零部件，这样既满足了维修要求又能够控制维修成本。

3.3D 打印在军事装备中的应用

由于 3D 打印在小批量制造时具有成本低、速度快、复杂制造能力好、材料利用率高、适应性好等优点，将其应用于军事装备发展方面能够显著缩短研制时间，减少研制费用，提高装备性能，降低装备成本，提高维修保障的时效性与精度。

（1）飞行器零部件制造

目前，世界各国正广泛关注并大力发展、推进 3D 打印技术，使得近年来 3D 打印技术的发展与应用不断取得突破，显示出了良好的军事应用前景。

在美国，《时代》周刊将 3D 打印产业列为“美国十大增长最快的工业”之一，有的科学家甚至期望 3D 打印这项神奇的技术能带来“第三次工业革命”。美国在 3D 打印技术方面投入了大量的研究，技术比较成熟，目前已经初步达到工业应用水平。

我国的 3D 打印技术目前也达到了世界领先水平。例如，北京航空航天大学王华明教授及其团队已掌握“飞飞机钛合金等大型复杂构件激光增材制造技术”，并将其成功应用于武器装备的研制，获得了 2012 年度国家技术发明奖一等奖。该项技术使我国成为继美国之后第 2 个掌握飞机钛合金结构件激光快速成型的国家。西北工业大学掌握了一次打印超过 5m 长的钛金属飞机部件的 3D 打印技术。贵州黎阳航空动力有限公司采用激光快速成型工艺成功研制出了符合性能要求的钛合金整体叶盘，将发动机转子叶片和轮盘形成于一体，简化了结构，减轻了重量，提高了发动机的气动性能。国产大飞机 C919 上的中央翼缘条零件是 3D 打印技术的典型应用实例，此结构件长 3m 多，是国际上 3D 打印出来最长的金属航空结构件。

（2）武器维修

在武器维修方面，3D 打印也有着良好的发展应用前景。由于其在民用和军用制造领域具有重要的应用潜力，在未来装备维修领域，3D 打印技术同样具有广泛的应用前景。可以预见，3D 打印技术用于装备维修备件和工具制造领域，将有力推动武器装备维修领域步入快车道。之所以有这样的预见，一是 3D 打印可用于战时装备维修备件快速制造。在战场上应用 3D 打印技术可为战损装备应急抢修提供一个有效的备件解决方案。在战时仅需利用预先携带的装备部件数据，利用 3D 打印机即可制造应急备件，快速恢复装备战斗能力，能有效缓解备件供应系统的负担。二是可用于战场上生产装备维修工具设备。利用 3D 打印技术，一线维修人员在战场可根据预先准备的图纸，现场打印维修所需的维修工具或设备，必要时还可由后方设计人员根据前线维修需求临时设计新的维修工具和设备，再利用前线部署的 3D 打印机制造定制的维修工具，免去携带重物长途跋涉的辛苦。三是可大幅提升战时维修保障效率。以往制作模具都要靠传统机床，如果发现模具需要修改，工厂里正在批量生产的机床就要停下来，重新制作这一个小小的样品，从工序流程上来说也很耗时间。利用 3D 打印技术，可实现“一个人就可以是一家工厂”，只要数小时就可以形成修改后的数据，迅速进行生产，从而大大提升武器装备维修保障效益。

（3）零件的修复成型

3D 打印技术除用于生产制造之外，在高性能金属零件修复方面的应用价值也不低于制造本身。就目前情况而言，3D 打印技术在修复成型方面所表现出的潜力甚至高于制造方面。

以高性能整体涡轮叶盘为例，若盘上的某一叶片受损，则整个涡轮叶盘将报废，直接经济损失价值在百万元之上。但是基于 3D 打印逐层制造的特点，只需将受损的叶片看作是一种特殊的基材，在受损部位进行激光立体成型，就可以恢复零件形状，且性能可以满足使用要求，甚至获得高于基材的使用性能。

总的来说，3D 打印技术对武器装备方面的影响有以下四点：①小批量制造成本低、速度快，可显著降低武器装备研制风险、缩短研制时间；②复杂制造能力强，可完成传统方法难以完成的制造，提高武器装备性能；③材料利用率高，可有效降低先进武器生产成本；④具备快速制造不同零部件的能力，可有效提升武器装备维修保障的实时性、精确性。

加快 3D 打印技术的发展与应用是弥补我国当前军事装备的设计、制造与维修保障能力的不足，提升研发效率，降低制造成本，提高维修保障时效性与精度的有效途径。应着眼武器装备长远发展，统筹规划，汇聚各方面力量推动 3D 打印技术的发展与应用，为实现能打仗、打胜仗的目标提供技术支撑。

4.3D 打印在建筑设计中的应用

3D 打印建筑技术与传统建筑技术相比，优势体现在以下几个方面：

（1）建造速度比传统建造技术快数倍以上；

（2）不需要使用模板，可以大幅节约成本；

（3）具有低碳、绿色、环保的特点；

（4）不需要数量庞大的建筑工人，大大提高了生产效率；

（5）可以非常容易地打印出其他方式很难建造的高成本曲线建筑；

（6）可以打印出强度更高、质量更轻的混凝土建筑物。

因此，3D 打印有可能改变整个建筑业未来的发展方向。

（1）教学用建筑模型制作

对于建筑专业的学生和从事建筑教学工作的教师来说，3D 打印并不是一个陌生的概念。很多学生在做设计的时候，采用各种材料，如纸皮、铝材、石膏等打印出各种建筑、桥梁、体育场等，但是这些都是模型，并不能将结构力学、材料硬度等完美体现出来。

（2）建筑物的制造

虽然实体建筑体积比较大，但是随着用于建筑使用的大型 3D 打印机的出现，3D 打印建造技术正悄然走进建筑行业。建筑用的 3D 打印机与普通的 3D 打印设备不同，它是一个巨型的三维挤出机械，并且能够挤出多种复合材料，通过与计算机连接来构建设计蓝图。如果使用 3D 打印技术建造建筑物，目前的普遍做法是先分块打印再进行组合，就是使用模块化的建造方式完成整体建造。在 3D 打印工厂里将每块部件打印好，运送到现场组装完成。当然，与传统房屋建造一样的是，3D 打印建筑物仍需构建地基，再使用 3D 打印墙体结构，同时预留出浇筑梁和柱的位置，最后在预留的位置埋入钢筋，灌注混凝土等，在墙体的空心部分填满隔离材料。目前，国内外现代化都市，如迪拜、上海等地都有 3D 打印技术建造的房屋，可以让人直接参观感受 3D 打印的魅力。

（3）检测建筑适应性

3D 打印除了可以建造房屋，还可以用来测试建筑的适应性。比如在 2022 年世界杯的举办地卡塔尔，设计者使用 3D 打印构建了球场的模型，借助这个体育场模型对空调系统进行测试，优化空调方案的设计。

但是，3D 打印在建筑行业的应用仍处于起步阶段，建筑质量仍需时间检验，房屋的保温性能、抗震性能、抗压性能还有待研究，而且 3D 打印机的体积比较大，需要专门的厂房，花费较大。未来，3D 打印技术在建筑方面的应用会具有巨大的生产价值，科技进步必将推动 3D 打印技术在建筑行业中的应用。

5.3D 打印在时尚界中的应用

3D 打印不仅是科学界的研究热点，在时尚圈也是设计师们追捧的热点，主要表现在服装与珠宝首饰的应用上。3D 打印在服装行业的运用克服了以往布料难以塑造的难题，可对服装进行立体造型，给人们带来焕然一新的视觉冲击。3D 打印在珠宝首饰行业的运用，使得每一件珠宝首饰都可以成为定制商品，独一无二，让每一位顾客都能享受 VIP 的待遇。3D 打印拓展了设计师们的想象空间，让设计师在产品形态创意和功能创新方面挥洒自如，给时尚设计行业带来空前的发展机遇。

6.3D 打印在食品加工中的应用

俗语讲“民以食为天”，饮食一直是人们生活中最重要的事情之一。随着生活水平的提高，人们对口味的要求也相应提高。如今 3D 打印食物能够满足人们的个性化需求，根据不同的年龄段可制定个性化的营养配方。未来 3D 打印食物将成为懒人和特殊人群的果腹之道。

通常，食物打印多用于难以手工制作的食品制造，如果某一类食品材料单一，但需要比较复杂的制作方式，手工很难完成，这时使用食品打印机就快捷多了。食品打印有两大优点：一是适用性广，操作简单、方便、实用，即使没有技术背景的用户也可以很快熟悉食品打印机的使用；二是食品打印具有很大的创作空间，灵活性强，对于创意非凡的厨师以及其他使用者，具有很大的施展平台。

7.3D 打印在文物考古中的应用

保护人类的文化遗产，根据社会需要不断修复和重建文物是很复杂的系统工程。随着 CAD 技术和 3D 打印技术的发展，及其在考古学和文物保护领域的应用，3D 打印对于考古专家更好地还原文物遗迹，帮助人类了解历史的发展具有重大意义。

目前，国内有利用 3D 打印技术构建古建筑、石窟和遗址的模型，并实现了信息储存和修复，为文物保护和修复奠定了基础。3D 打印在文物和考古领域主要应用在三个方面：第一，实现文物和考古现场的全真保存。考古发现中的文物体积大小不一，从细微的颗粒物到大的古建筑，使用 3D 打印技术可以对文物实现不同比例的缩放，打印出文物的全真模型。第二，能够对考古现场和文物的几何模型实现快速复制。各个博物馆中会展览各种文物以便群众参观。对于一些体积较小的文物进行展览不成问题，而对于一些体积庞大的文物，比如青铜器、古代家具等展览就比较麻烦。特别是一些瓷器、玉器等易碎的文物，这时就可以采用塑料作为打印材料，利用 3D 打印技术制作文物模型，这样也便于观者观看和运输。第三，实现对考古现场和文物的永久保存。很多文物经历历史变迁，风吹日晒，很容易受到自然或人为的损坏；同时，各种文物年代不一，在保护、挖掘的过程中会受到不同程度的损坏，不利于文物的传承与研究。而利用 3D 打印技术就可以解决这个问题。建立虚拟模型，将文物的信息以数据形式保留下来，而且 3D 打印可以使用不同材料，这也为不同文物的保存提供了很好的解决方案。

3D 打印技术在文物考古领域具有巨大的应用前景，尤其是对文物的修复与保护方面。不断加强 3D 打印技术在文物考古方面的应用有利于促进优秀传统文化的继承与发展，也有利于在文物修复工作中缩短生产周期，提高生产效率。

8.3D 打印的发展前景

3D 打印技术的发展包括设备制造、材料研发与加工、软件设计、服务商等方面。若应用没有跟上，则会限制技术的发展。3D 打印技术的应用将从多方面对传统制造业产生深远的影响。

（1）3D 打印技术带来的变革

①使制造模式发生深刻变革。传统的制造技术多采用减材加工，浪费原料。3D 打印技术改变了这种加工模式，能有效节省材料，缩短加工时间，提高工业生产效率。

②带动产业技术的快速提升。3D 打印技术是一门综合应用嵌入式系统、计算机辅助设计、激光、控制、网络、材料等多学科技术的高新技术，3D 技术的应用将使各学科理论向实践转化。

③使商业模式发生革命性变化。3D 打印可以使产品生产走向个性化、定制化，缩短产品推向市场的生命周期。通过互联网可以建立高效的供应链、市场销售和用户服务网。

④推动人工智能的发展。现在人工智能已经开始融入大众生活，物联网、机器人、智能家居等智能化产品与 3D 打印机的结合，已成为 3D 打印改变传统制造业的新趋势。信息技术的发展将提高技术的共享性，从而促进 3D 打印与人工智能新技术的诞生。

（2）3D 打印技术的发展要求

在大数据和信息化的背景下，单一化、纯机械化的 3D 打印技术已经不能顺应时代发展的需要。随着 3D 打印技术的推广，对其技术发展也有更高的要求，主要表现在对 3D 打印机的操作便利性和打印完成的实体质量提出了更高的要求。因此，控制技术与大数据、信息化、智能化的结合，将成为 3D 打印技术发展的新趋势。

①精密化。随着制造工艺的提高，提升 3D 打印的精度是 3D 打印技术发展的必然趋势。多喷头交替打印、多材料结合打印、大型零部件打印等是 3D 打印技术的应用方向，对打印出来的部件表面质量和内部的物理性能都将有更高的要求。这得益于 3D 打印技

术的高精密化指标，也是 3D 打印技术直接面向成品制造和零部件生产的保证。

②智能化和便捷化。3D 打印设备所具备的较高自动化程度，源于产品的软件设计、后期处理以及软件控制的优化。加工过程中不同材料的转换使用、部件内部的气泡去除、成型后的支撑材料修饰等，都需要程序化智能设备的配套支撑。基于 3D 打印技术生产的小型无人机、小型汽车等概念产品已用于商业宣传、营销活动中。因此，智能化和便捷化的一系列问题都直接影响 3D 打印设备的推广与应用。

③通用化。通用化是指 3D 打印机运用越来越普及，并且能“一机多用”。3D 打印机作为计算机的外部输出设备，使用便利，用户可通过相关软件设计的概念模型打印成三维实体。通过更换各种打印材料，能打印出适用于不同场景的部件，节省了设备更换时间和维护费用。

④稳定化。稳定化包括控制稳定和运行稳定。随着工业的发展，工业级的 3D 打印机必然至关重要。工业过程中扰动因素较多，会对工业用 3D 打印机的稳定性提出更高的要求。因此，需要通过控制算法的优化来提高控制稳定性，其中包括控制参数中的超调量、滞后时间常数、稳态误差等指标的优化。

（三）3D 打印的就业岗位需求

3D 打印技术作为一种新兴的制造技术，体现了信息网络技术与先进材料技术、数字制造技术的密切结合，是先进制造业的重要组成部分。经过多年发展，这一技术在我国航空航天、汽车、生物医疗、文化创意等领域得到初步应用，相应的有很多具备一定竞争力的 3D 打印骨干企业出现，因此社会对于 3D 打印技术人才的需求更加广泛。

3D 打印行业是一个综合了多方面技术的行业。作为一名学生，如果将来准备进入这个行业，那他在大学里可以选择的专业非常多，将来可以从事的岗位也非常多。3D 打印行业岗位需求主要分为以下四大类：一是 3D 打印技术开发类。这一类人员的发展方向是成为高端技术人才，拥有深厚的技术背景，深耕于 3D 打印技术开发，对于他们来说重要的不是专业，而是科研方向。二是 3D 打印材料研发类。这一类人员主要是研究 3D 打印的材料，除了改良已有材料外，还要研发各种新的材料。三是 3D 打印设备研发类。这一类人员的工作是研究 3D 打印机工作原理以及结构。四是 3D 打印服务支持类。这里说的服务支持是为硬件设备服务的软件开发与维护，对 3D 打印切片软件、3D 打印建模软件等软件的开发，对 3D 打印机与电脑连接所需的底层接口的编写，对网络资源平台的维护等都属于 3D 打印服务支持，这些工作涉及计算机知识、编程知识等。

第二节　3D 打印的基本原理与流程

一、3D 打印的基本原理

3D 打印是快速成型技术的一种，它是以数字模型文件为基础，运用粉末状金属或塑料等材料，通过逐层打印的方式来构造物体形状的技术。目前 3D 打印技术大致分为挤出成型、粒状物料成型、光聚合成型三大类技术，每种类型又包括一种或多种技术路径。目前常见的 3D 打印技术有 3DP 技术、FDM 技术、 SLA 技术、SLS 技术、DLP 技术（Digital Light Processing，激光成型技术）、LOM 技术和 PCM 技术（Patternless Casting Manufacturing，无模铸型制造技术）等。虽然每种技术都有其独特的工艺原理，但这些技术的基本原理都是离散—堆积成型原理。

二、3D 打印的基本流程

3D 打印的基本流程一般为前处理—分层叠加成型加工—后处理三大基本流程。

（一）前处理

前处理包括产品三维模型的构建、三维模型的近似处理和三维模型的切片处理。

1.三维模型的构建

除了三维软件直接构建外，也可以将已有产品的二维图样进行转化而形成三维模型，或对产品实体进行激光扫描、CT 断层扫描得到点云数据，然后利用反求工程的方法来构造三维模型。

2.三维模型的近似处理

由于产品往往有一些不规则的自由曲面，因此在加工前要对模型进行近似处理，以方便后续的数据处理工作。

stl 文件格式是用一系列的小三角形平面来逼近原来的模型，由于此格式文件简单，目前已成为增材制造领域的准标准接口文件。stl 文件有二进制码和 ASCII 码两种输出形式，二进制码输出形式所占空间小，ASCII 码输出形式可以进行阅读和检查。典型的 CAD 软件都带有转换和输出 stl 格式文件的功能。

3.三维模型的切片处理

将建好的模型生成为 stl 或者 obj 等格式，然后将数据载入切片软件进行切片操作。

切片实际上就是在成型高度方向上用一系列一定间隔的平面切割模型，把 3D 模型切成一片一片，以便提取截面的轮廓信息。设计好打印的路径（填充密度、角度、外壳等），并将切片后的文件储存成 gcode 格式或 x3g 格式（3D 打印机能直接读取的数据流格式文件），然后再通过 3D 打印机控制软件，把 gcode 格式文件发送给打印机并控制 3D 打印机的参数进行运动，使其完成打印。

（二）分层叠加成型加工

分层叠加成型加工，即 3D 打印的过程，是增材制造的核心，包括模型截面轮廓的制作与截面轮廓的叠合。即增材制造设备根据切片处理的截面轮廓，在计算机的控制下，相应的成型头（激光头或喷头）按各截面轮廓信息做扫描运动，在工作台上一层一层地堆积材料，然后将各层相粘结，最终得到原型产品。

在实际操作中，启动 3D 打印机，通过数据线、SD 卡等方式把 stl 格式的模型切片得到 gcode 文件并传送给 3D 打印机，同时装入 3D 打印材料，调试打印平台，设定打印参数。然后打印机开始工作，材料会一层一层地打印出来，层与层之间通过特殊的胶水进行粘合，并按照横截面将图案固定住，最后一层一层叠加起来，就像盖房子一样，砖块是一层一层的，但累积起来后，就成了一个立体的房子。最终经过分层打印、层层粘合、逐层堆砌，一个完整的物品即呈现出来。

（三）后处理

从成型系统里取出成型件，根据不同的使用场景和要求进行后期处理，如进行剥离、打磨、抛光、涂挂、后固化、修补、打磨、抛光和表面强化处理，或放在高温炉中进行后烧结，进一步提高其强度。

比如在打印一些悬空结构的时候，需要有个支撑结构顶起来，然后才可以打印悬空上面的部分，对于这部分多余的支撑需要做后期处理去掉它们；有时打印出来的物品表面会比较粗糙，需要抛光；有时为了加强模具成型强度，需进行静置、强制固化、去粉、包覆等处理。

三、3D 打印的特点

3D 打印带来了制造业的又一次革命，其工作过程不需要机械加工或模具就能直接从计算机图形数据中生成所需实物，从而极大地缩短了产品的生产周期，提高了生产效率。其特点归纳起来主要体现在：

（1）利用计算机辅助制造技术、现代信息技术以及新材料技术等，通过综合集成的方式构成完整的生产制造体系。

（2）3D 打印技术具有设计、制造高度一体化的特点，该技术不受产品结构复杂程度等方面的限制，能够制造出任意形状的三维实体产品。3D 打印是一种自动化的成型过程。

（3）3D 打印技术的生产过程具有高度柔性化的特点。在此过程中，能够依据客户的需求对产品的品种以及规格等进行相应的调整。在调整的过程中，仅仅需要将 CAD 模型改动，对相关的参数进行重新的设置，即可确保整个生产线与市场变化的情况相适应，同时还有可调节性的支撑，进一步保障了产品质量。

（4）3D 打印技术具有生产产品速度快的特点。应用该打印技术能够提升产品成型的速度，同时缩短加工周期，从而使设计人员能够在短时间内将设计思想物化成三维实体，并对其外观形状以及装配等展开测试。

（5）3D 打印材料具有相应的广泛性。3D 打印技术所应用的材料具有广泛性，不管是金属材料还是陶瓷材料等，都适用于打印生产操作。

与传统制造相比，3D 打印具有以下优势：

（1）降低产品制造的复杂程度。与传统制造业通过模具、车铣等机械加工方式对原材料进行定型、切削以生成最终产品不同，3D 打印将三维实体变为若干个二维平面，通过对材料处理并逐层叠加进行生产，大大降低了制造的复杂度。

（2）扩大生产制造的范围。这种数字化制造模式不需要复杂的工艺，不需要庞大的机床，不需要众多的人力，直接从计算机图形数据中便可生成任何形状的零件，使生产制造得以向更广的生产人群范围延伸，可以制造出任何形状的物品。

（3）缩短生产制造时间，提高生产效率。用传统方法制造出一个模型，根据模型的尺寸以及复杂程度，通常需要花费数小时到数天时间，而使用 3D 打印技术，根据打印机的性能以及模型的尺寸和复杂程度，则可以将时间缩短为数小时到数十分钟。

（4）减少产品制造的流程。3D 打印实现了首件的近净成型，这样后期辅助加工量大大减少，避免了委外加工的数据泄密和时间跨度，尤其适合一些高保密性的行业，如军工、核电领域。

（5）即时生产且能够满足客户个性化需求。3D 打印机可以按需打印，即时生产减少了企业的实物库存，企业可以根据客户订单使用 3D 打印机制造出特别的或定制的产品以满足客户需求。

（6）开发更加丰富多彩的产品。传统制造技术和工匠制造的产品形状有限，制造形状的能力受限于所使用的工具。3D 打印机可以突破这些局限，开辟巨大的设计空间，甚至可以制作目前可能只存在于自然界的形状。

（7）提高原材料的利用效率。与传统的金属制造技术相比，用 3D 打印机制造金属产品时产生的副产品较少。随着打印材料的进步，“净成型”制造可能成为更环保的加工方式。

（8）提高产品的精确度。扫描技术和 3D 打印技术将共同提高实体世界和数字世界之间形态转换的分辨率，可以扫描、编辑和复制实体对象，创建精确的副本或优化原件。

第二章　3D 打印成形工艺

3D 打印成形工艺有许多种，一般根据成形方法分为：①基于激光或其他光源的成形技术，如光固化成形技术、选择性激光烧结技术、金属粉末激光选区熔化技术、叠层实体制造技术等；②基于喷射的成形技术，如熔融沉积制造技术、三维印刷成形技术等。

第一节　光固化成形

1987 年，美国 3DSystems 公司推出了名为光固化（Stereo Lithography Apparatus，SLA）的快速成型技术，该技术利用光的波长和热作用使液态树脂材料发生聚合反应，对液态树脂进行有选择的固化，叠层成形。成形时，光束在聚合物的液体表面逐层扫描物体，被照射到的表面形成固态并逐层相互固化，从而达到造型的目的。SLA 技术也被称为立体印刷、立体光刻和光造型等，是世界上研究最深入、技术最成熟、应用最广泛的一种 3D 打印成形技术。目前，SLA 中的光源已经不再是单一的激光，还有其他新的光源，如紫外光等。但是，各种 SLA 的成形材料依然是对某种光束敏感的树脂。

一、SLA 成形原理

SLA 成形以光敏树脂为原料，在计算机控制下，紫外光按零件各分层截面数据对液态光敏树脂表面进行逐点扫描，使被扫描区域的树脂薄层产生光聚合反应而固化，形成零件的一个薄层；一层固化完毕后，工作台下降，在原先固化好的树脂表面再涂覆上一层新的液态树脂以便进行下一层扫描固化，新固化的一层牢固地黏结在前一层上；如此重复，直到整个零件原型制作完毕。光固化成形技术发展至今，已出现多种不同的系统，其按照曝光方向可以分为上曝光光固化系统和下曝光光固化系统两类。在上曝光光固化系统中，液槽中盛满液态光敏树脂，紫外光束在控制设备的控制下按零件的各分层截面信息在光敏树脂表面照射，使被照射区域的树脂薄层产生光聚合反应而固化，形成零件的一个薄层。一层固化完毕后，工作台向下移动一个分层厚度的距离，在原先固化好的树脂表面再覆上一层新的液态树脂，刮板将黏度较大的树脂液面刮平，然后进行下一层的扫描加工，新固化的层牢固地黏结在前一层上……如此反复，直到整个零件制造完成。

在下曝光光固化系统中，液槽中盛满液态光敏树脂，液槽底面为高透过率光学玻璃，工作台底面与光学玻璃之间预留出分层厚度的间隙，间隙中充满液体树脂，紫外光透过底部光学玻璃照射在间隙的树脂上，使其固化。固化后的树脂会随着工作台上移一个分层厚度的距离，固化层与玻璃之间出现的新间隙将由液体树脂填充，然后进行下一层固化……直至完成整个零件。

二、SLA 成形特点

经过多年的发展，SLA 技术已经日益成熟、可靠。SLA 具有以下显著的特点：

（1）系统工作稳定，整个成形过程自动运行；

（2）成形精度高，一般均在 0.1mm 以内，这是其他的成形技术所无法达到的；

（3）成形尺寸大，可以加工 600mm×600mm 以内的大尺寸工件；

（4）表面质量好，所成形的工件表面光滑，后处理的工作量小，在很多场合工件甚至无须后处理即可直接投入使用；

（5）系统分辨率高，能构建复杂结构的工件，可以加工复杂表面的薄壁件，壁厚最小可达 0.5mm，这也是其他的成形技术所无法达到的；

（6）加工速度极快，可以达到 8m/s；

（7）材料消耗后，可采用添加的方法进行补充，因此材料利用率极高，接近 100%。

三、SLA成形材料

SLA成形材料使用液态光敏树脂。通过计算机控制紫外光扫描指定区域，将扫描区域的光敏树脂固化，逐层堆积。制件的性能相当于工程塑料或蜡模。

（一）光敏树脂的原料成分

光敏树脂由低聚物、单体、紫外光引发剂和其他助剂组成。其中，低聚物的质量分数为30%~60%，单体的质量分数为40%~60%，紫外光引发剂的质量分数为1%~5%，其他助剂的质量分数为 0.2%~10%。根据上述四个主要组分的不同配比，光敏树脂可能的原料成分包括以下几种。

（1）丙烯酸酯类低聚物（如环氧丙烯酸酯、聚氨酯丙烯酸酯、聚酯丙烯酸酯、聚醚丙烯酸酯、丙烯酸酯化聚丙烯酸酯）。

（2）环氧类低聚物和单体（如缩水甘油基类、缩水甘油醚类、缩水甘油酯类、脂环族环氧、聚氨酯类环氧、不饱和双键氧化类环氧、芳香族环氧）。

（3）其他阳离子类单体（如氧杂环丁烷类、螺环原酸酯、双环原酸酯、螺环原碳酸酯、环内酯）。

（4）活性稀释剂（如单官能团丙烯酸酯、双官能团丙烯酸酯、多官能团丙烯酸酯、乙烯基类单体、乙烯基醚、含甲氧端基的单官能团丙烯酸酯、含氨基甲酸酯的单官能团丙烯酸酯、环碳酸酯的单官能团丙烯酸酯）。

（5）阳离子光引发剂（如碘鎓盐、硫鎓盐、重氮盐、芳茂铁盐）。

（6）自由基光引发剂（如安息香类、安息香醚类、苯乙酮类、苯乙酮缩酮类、苯偶酰类、二苯甲酮/叔胺、a一羟烷基苯酮类、a一胺烷基苯酮类、酰基磷氧化物、硫杂蒽酮/叔胺类、蒽酮/叔胺、芳酮/硫醇类）。

（7）其他助剂（如填料、流平剂、阻聚剂、光稳定剂、防沉降剂、表面活性剂、染料、颜料）。

（二）光敏树脂的性能要求

1.光敏树脂固化前的理化性能要求

（1）安全性：必须是无毒、不易燃、挥发性小的液态树脂。

（2）稳定性：不发生暗反应，在不接触紫外光的情况下，不会发生聚合反应而产生絮凝物。

（3）纯度：树脂中悬浮颗粒直径须控制在相关要求以下，以避免堵塞喷头。

（4）表面张力：光固化三维打印成形一般要求树脂表面张力在 26~36mN/m 之间。

（5）黏度：黏度较低。室温贮存时，黏度在 30～300 mPa·s 之间，工作温度下控制在 8～20 mPa·s 之间，最好在 8～15mPa·s 之间。

（6）pH 值：控制在 7～8 之间，当 pH 值太小时会腐蚀喷头。

2.光敏树脂的光固化性能要求

（1）光固化速度

光敏树脂在紫外光的照射下应能够迅速固化。如果光敏树脂在紫外光照射后长时间处于半固化状态，会导致：①成形件容易变形；②上一层无法支撑下一次喷射的液体，同时落下的液体会使半固化状态的树脂溶胀，并到处流动；③当去除支撑的时候，成形件表面质量不高。

（2）固化收缩率

成形时的收缩不仅会降低制件的精度，而且会导致成形零件产生翘曲、变形、开裂等现象，因此实体材料应尽量选用收缩率较低的原料。

3.光敏树脂固化后的力学性能

（1）实体材料：要求较高的拉伸强度、弯曲强度、硬度和韧度，耐化学试剂，水洗后不变形，并拥有良好的热稳定性。较高的硬度保证实体材料在去除支撑的时候，不会被破坏。较高的拉伸强度、断裂强度和抗冲击强度可保证成形件的实用性。

良好的热稳定性能保证成形件不随时间延长而老化，同时有较高的耐热温度。

（2）支撑材料：要求能够承受实体材料的重量，承重下不变形、不被压缩；支撑容易去除，不污染环境。

第二节　熔融沉积制造

熔融沉积制造（FDM），又称熔丝沉积。其原理是：将热塑性材料加热熔化后从喷嘴均匀挤出，使之呈细丝状，同时喷嘴在数控系统的控制下，按照切片软件规划好的连续薄层数据沿一定路径移动进行填充，丝状材料冷却后黏结而形成一层层薄的截面，最终层层叠加，形成三维实体。FDM 的成形材料主要是线材（也有直接采用塑料粉末加热，经喷嘴挤出成形的），要求其熔融温度低、黏度低、黏性好和收缩率小等，主要有铸造石蜡、聚酰胺（俗称尼龙）、ABS 塑料、PLA 塑料、低熔点金属和陶瓷等。

一、FDM 成形原理

FDM 是利用热塑性材料的热熔性和黏结性，在计算机控制下层层堆积成形的技术。通过送丝机构将丝状材料送进喷头，并在喷头中加热至熔融状态，同时加热喷头在计算机的控制下按照相关截面轮廓和填充轨迹的信息扫描，同时挤压并控制材料流量，使黏稠的成形材料和支撑材料被选择性地涂覆在工作台上，冷却后形成截面轮廓。一层完成后，工作台下降一个分层厚度的距离，再进行下一层的涂覆……如此循环，层层叠加，最终形成三维模型。

为了节省材料成本和提高成形效率，市面上推出了双喷头 FDM 成形机，其中一个喷头喷射模型材料，另一个喷头喷射支撑材料。这种双喷头 FDM 成形机的优点有：①提高了沉积效率；②降低了模型制造的成本；③允许灵活地选择具有特殊性能的支撑材料（如水溶材料、低于模型材料熔点的热熔材料等），以便于后处理过程中支撑材料的去除。

二、FDM 成形特点

FDM 工艺采用电能来加热塑料丝，使其在挤出喷头前达到熔融状态，喷头在计算机的控制下将熔融的塑料丝喷涂到工作平台上，从而完成整个零件的加工过程。这种方法的能量传输和材料叠加均不同于采用激光为能源的光固化工艺以及采用微滴喷射技术的三维打印工艺。FDM 工艺具有以下特点：

（1）能源价格相对较低，设备成本低，日常维护成本也较低；

（2）成形材料广泛，热塑性材料均可应用，如各种色彩的工程塑料 ABS、PLA、PC、PPSF 以及医用 ABS 等；

（3）环境友好，制件过程中无化学变化，也不会产生颗粒状粉尘；

（4）设备体积小巧，易于搬运，适用于办公环境；

（5）原材料利用率高，且废旧材料可进行回收再加工，并可实现循环使用；

（6）由于喷头的运动是机械运动，速度有一定限制，所以成形时间较长；

（7）与光固化成形工艺以及三维打印工艺相比，成形精度较低，表面有明显的台阶效应；

（8）成形过程中需要加支撑结构，而支撑结构手动剥除困难，同时还会影响制件表面质量。

三、FDM 成形材料

适用于 FDM 的线材种类很多，大量热塑性材料均可作为打印材料使用。目前市场上较普遍、能购买到的线材包括 ABS、PLA、PVA 尼龙、木质材料等，它们的特点分别介绍如下。

（一）ABS

ABS 塑料是丙烯腈（A）、丁二烯（B）、苯乙烯（S）三种单体共聚而成的聚合物，简称 ABS，是人们在对聚苯乙烯改性中开发的一种新型材料。ABS 每种单体都具有不同特性，从形态上看，ABS 是非结晶性材料，这就决定了 ABS 材料的耐低温性、抗冲击性、外观特性、低蠕变性、优异的尺寸稳定性及易加工性等多种特性，且表面硬度高、耐化学性好，同时通过改变上述三种组分的比例，可改变 ABS 的各种性能。丁二烯为 ABS 树脂提供低温延展性和抗冲击性，但是过多的丁二烯会降低树脂的硬度、光泽及流动性；丙烯腈为 ABS 树脂提供硬度、耐热性、耐酸碱盐等化学腐蚀的性质；苯乙烯为 ABS 树脂提供硬度、加工的流动性及产品表面的光洁度。合成的 ABS 有中冲击型、高冲击型、超高冲击型及耐热型四类。由于其具有韧、刚、硬的优点，应用范围已远远超过 PS，成为一种独立的塑料品种，用途极为广泛。

ABS 具有优良的综合物理和机械性能，极好的低温抗冲击性能和尺寸稳定性，电性能、耐磨性、抗化学药品性、染色性、成品加工和机械加工较好。ABS 耐水、无机盐、碱和酸类，不溶于大部分醇类和烃类溶剂，而易溶于醛、酮、酯和某些氯代烃中。ABS 热变形温度低、可燃，耐候性较差，熔融温度在 217℃～237℃，热分解温度在 250℃以上。但如今市场上的改性 ABS 材料，很多都是掺杂了水口料、再生料，导致客户成型产品性能不一且不稳定。其物料性能如下：

（1）综合性能较好，冲击强度较高，化学稳定性、电性能良好。

（2）与 372 有机玻璃的熔接性良好，制成双色塑件，且可表面镀铬，喷漆处理。

（3）有高抗冲、高耐热、阻燃、增强、透明等级别。

（4）流动性比高抗冲聚苯乙烯（HIPS）差一点，比有机玻璃（PMMA）、聚碳酸酯（PC）等要好，柔韧性好。

（5）适于制作一般机械零件、减磨耐磨零件、传动零件和电讯零件。

（二）PLA 材料

聚乳酸（Polylactide，PLA）是 3D 打印最主要的原料之一，它是以玉米为原料，通过生产转化为淀粉、葡萄糖、乳酸，直至聚乳酸。PLA 是一种以可再生的植物资源为原料制备而成的绿色塑料，摆脱了对石油资源的依赖，且具有良好的可堆肥性和生物降解性，在环境中降解为二氧化碳和水，不会对环境造成污染。因此，PLA 材料具有广阔的发展前景，在 3D 打印中充当着重要的角色。

PLA 材料的优点在于：

（1）热稳定性好，加工温度 170~230℃，有好的耐熔剂性，可用多种方式进行加工，如挤压、纺丝、双轴拉伸、注射吹塑。

（2）相容性与可降解性良好。聚乳酸在医药领域应用非常广泛，如可生产一次性输液用具、免拆型手术缝合线等，低分子聚乳酸作药物缓释包装剂等。

（3）拥有良好的光泽性和透明度，与利用聚苯乙烯所制的薄膜相当，这是其他生物可降解产品无法提供的。

（4）具有良好的抗拉强度及延展度。

（5）具有良好的透气性、透氧性及透二氧化碳性，也具有隔离气味的特性。

（6）其燃烧热值与焚化纸类相同，是焚化传统塑料（如聚乙烯）的一半，而且焚化聚乳酸不会释放出氮化物、硫化物等有毒气体，显示了这种分解性产品具有的安全性。

（三）PVA

PVA（Polyvinyl Alcohol，聚乙烯醇），是一种有机化合物，固体，无味，可溶于 95℃以上的热水。基于这一特性，在 FDM 打印中，多用它来打印支撑结构。打印完成后将 PVA 支撑结构连同模型本体一起投入热水中，PVA 支撑结构将立即溶解（复杂及细小孔洞的支撑结构均可完全溶解），然后将模型本体取出。这样所得模型表面效果比直接手工清除支撑效果要好，且操作更方便快捷。

（四）尼龙

尼龙（Nylon）部件相比于其他 FDM 热塑性材料具有最好的坚韧度，其断后伸长率也高出 100%～300%，并拥有更出色的抗疲劳性。在所有 FDM 热塑性塑料中，尼龙具有最佳的 Z 轴层压、最高的冲击强度，以及出色的化学抗性。

（五）木质材料

木质材料使用木粉作为主要原料，由木粉与聚合物黏合剂组成。木质材料可以让打印的物体从视觉和嗅觉上都和真实木料一致，广泛适合于各种 FDM 打印机。它还可以根据挤出头温度的不同改变颜色，因此可以通过调整挤出头的温度来作出从亮到暗的自然纹理效果。而且木质材料没有缩水变形问题，更容易打印出完美的产品。

随着 FDM 技术的推广，不断有各种新型 FDM 线材（包括碳纤维、橡胶等）推出，它们与 FDM 打印机一起，在各种工业、创意设计等领域起着越来越重要的作用。

第三节　选择性激光烧结

选择性激光烧结（SLS）打印技术是增材制造（或称 3D 打印）技术的一种，它采用 CO_2 激光器作为能量源，通过选择性地熔化高分子粉末材料来制作三维实体零件。SLS 技术具有成形材料多样化（高分子材料、陶瓷、金属、覆膜砂及其复合粉末等均可作为成形材料）、用途广泛、成形过程简单、材料利用率高等优点，特别是不受零部件形状复杂程度的限制，可以在没有工装夹具或模具的条件下，迅速制造出形状复杂的功能件或铸造用蜡模和砂型，是最具发展前景的 3D 打印技术之一。

一、SLS 成形原理

首先，CAD 模型需要在计算机程序中利用分层软件逐层切割以获得每层的加工数据信息。在 SLS 成形时，工艺条件如预热温度、激光功率、扫描速度、扫描路径、分层厚度等应根据制件要求进行调节，工作室中的预热温度升高到预定值并保持其不变；送料筒上升，铺粉滚筒移动，在平台上铺一层粉末，由精密导轨、伺服控制系统控制激光束对粉末进行扫描烧结，形成一层实体轮廓。第一层烧结完成，工作台下降一个分层厚度，由铺粉滚筒再铺上一层粉末进行下一层烧结，循环往复、层层叠加而形成三维的实体。SLS 成形机根据不同的供粉系统，可分为上供粉成形和下供粉成形两种形式。

（一）上供粉成形原理

上供粉 SLS 成形机的供粉系统设置在成形室的上方，通过步进电动机驱动的槽形辊的转动，控制粉斗中的粉末下落至工作台上，再用铺粉辊进行铺粉。这种成形机的成形室处于密闭状态，可通过真空泵抽真空和通入保护气体，防止正在烧结成形的金属工件氧化。

（二）下供粉成形原理

下供粉式 SLS 成形机由 CO_2 激光器（或 Nd：YAG 激光器），X-Y 扫描振镜、位于工作台下方的供粉缸（2 个）和成形缸，以及铺粉辊等组成。这种成形机的工作过程是：

（1）供粉缸中的活塞在步进电动机的驱动下，向上移动一个分层厚度，使活塞上方的粉末高出供粉缸一个分层厚度；

（2）供粉缸上方的铺粉辊沿水平方向自左向右运动，在工作台的上方铺一层粉末；

（3）工作台上方的加热系统将工作台上的粉末预热至低于烧结点的温度；

（4）激光器发出的激光束经计算机控制的振镜反射后，按照成形件截面轮廓的信息，对工作台上的粉末进行选区扫描，使粉末的温度升至熔化点，于是粉末表层熔化，粉末相互黏结，逐步得到成形件的一层截面片（在非烧结区的粉末仍呈松散状，作为成形件和下一层粉末的支撑）；

（5）一层成形完成后，成形缸活塞带动工作台下降一个分层厚度，再进行下一层的铺粉和烧结，如此循环，最终烧结成 3D 工件。为提高成形效率，成形机的右侧也设置了一套供粉缸，以便在铺粉辊由右向左回程时铺粉。

二、SLS 成形特点

SLS 成形具有以下特点：

（1）SLS 技术可以用于制造几何形状复杂的零件，而不像传统机械加工方法，由于刀具无法到达某些型面，其应用受到限制。

（2）制造过程中不需要设计模具，也不需要进行像传统的刀具或工艺装备安装等生产准备工作，加工过程只需在一台设备上完成，成形速度快。用于模具制造，可以大大地缩短产品开发周期，降低费用，一般只需传统加工方法 30%~50%的工时和 20%～35%的成本。

（3）实现了设计制造一体化。CAD 数据的转化（分层和层面信息处理）可 100%地自动完成，根据层面信息可自动生成数控代码，驱动成形机完成材料的逐层加工和堆积。

（4）属非接触式加工，加工过程中没有振动、噪声和切削废料。

（5）材料利用率高，并且未被烧结的粉末可以对下一层烧结起支撑作用，因此 SLS

工艺不需要设计和制作复杂的支撑系统。

(6)成形材料多样性是 SLS 最显著的特点，理论上凡经激光加热后能在粉末间形成原子连接的粉末材料都可作为 SLS 成形材料。

三、SLS 成形材料

SLS 最初只能使用蜡粉和塑料粉进行成形，后来德国与芬兰合作，开发出了用于 SLS 成形的金属粉，从而将 SLS 技术推向了更广阔的领域。目前，用于 SLS 成形的材料主要是各类粉末，美国、日本、德国等在 SLS 成形材料的研发方面领先于其他国家。美国推出了第一种用于 SLS 成形的尼龙材料，随后又推出了铜一尼龙复合材料，采用这些材料的成形件表面质量好，成形精度高，并具有良好的力学性能。此外，德国还开发了 Direct Steel 系列粉材。

我国在 SLS 成形材料开发领域取得了长足进步，目前国内一些科研院校及企业开发了一系列成熟的 SLS 成形材料，包括覆膜砂、覆膜陶瓷、覆膜金属、塑料粉以及精铸蜡粉等。

下面具体介绍几种典型的 SLS 成形材料。

（一）聚苯乙烯（PS）

聚苯乙烯是一种热塑性树脂，吸湿率与收缩率都比较小。聚苯乙烯粉料经过改性处理后就可用于激光烧结成形。聚苯乙烯的激光烧结性能良好，预热温度较低，材料不易老化，且在成形过程中不易收缩翘曲，变形量小。聚苯乙烯收缩率及其变化范围一般在 0.2%～0.8%之间，故成形件具有良好的成形精度。但聚苯乙烯烧结件抗压强度低，不能直接用作功能件，这是因为其本身为脆性非结晶型材料，烧结件的密度小，孔隙率高。另外，使用聚苯乙烯粉料成形的蜡模必须采用高温燃烧法脱除，以免污染环境。

（二）聚碳酸酯（PC）

与聚苯乙烯相比，聚碳酸酯适合成形形状结构复杂的铸件，烧结性能良好，烧结件的抗压强度主要受烧结件中孔隙率大小的影响，烧结件的密度越大，其抗压强度越高。

该材料的成形收缩率并不大，但成形件的收缩较大。成形件的收缩与所用的粉末表观密度过低有关，由于聚碳酸酯粉末的起始密度很低，烧结时会产生较大的致密化作用，因此会产生较大的收缩，从而影响成形件最终的成形精度。因聚碳酸酯比聚苯乙烯材料更加方便脱模，故经常将其用来制造熔模铸造用消失模。此外，将环氧树脂及其他热固性树脂渗入聚碳酸酯中，可提高成形件的性能。

（三）尼龙（PA）

尼龙是重要的工程塑料，是一种热塑性材料，具有较高的熔点与耐磨性，力学性能良好。由于其烧结性能良好，因此尼龙粉料是一种重要的 SLS 成形材料。尼龙熔程窄，烧结温度一旦达到熔点便迅速由固体熔化成液体，进而随着烧结完成后温度的降低凝固成形。与注塑成形的零件相比，尼龙烧结件抗压强度良好，密度几乎与注塑成形相当。尼龙材料的成形收缩包括烧结收缩、温度收缩以及凝固时的结晶收缩，与热塑性塑料粉末等非结晶聚合物相比，尼龙粉末材料的烧结变形较大，成形精度不高，且极易引起翘曲变形。

（四）覆膜砂

覆膜砂强度适中，组织致密，可根据要求制成各种不同性能的砂芯。壳芯覆膜砂强度较高；热芯盒覆膜砂具有适当的抗压强度；非铁合金用覆膜砂抗压强度较低，但流动性好。覆膜砂烧结件轮廓清晰，组织致密，具有良好的表面质量，使用覆膜砂烧结件铸造出的零件表面质量良好，尺寸精度高，且不易发生翘曲变形。此外，覆膜砂砂芯容易清理，抗吸湿性能良好，有利于贮存及使用。

（五）金属粉末

一般来说，SLS 系统配备的激光器功率都较小，不足以直接熔化高熔点金属粉末，因而通常是采用间接法来成形金属件，称为间接 SLS 成形。这种方法使用的金属粉末材料含有低熔点黏结剂，激光器通过扫描熔融低熔点黏结剂来成形金属件的初始型坯。间接 SLS 成形用金属/黏结剂复合粉末主要有两大类。

（1）用聚合物作黏结剂的复合粉末，包括用有机聚合物包覆金属粉末材料制得的覆膜金属粉末，以及金属粉末与有机聚合物的机械混合粉末。以金属/聚合物黏结剂复合粉末成形的金属件型坯中往往存在大量的空隙，型坯强度、相对密度非常低，因而型坯需要经过适当的后处理工艺以获得具有一定强度、相对密度的金属件。后处理的一般步骤为脱脂、高温烧结、熔渗金属或浸渍树脂等。这种后处理程序步骤较多，形坯变形较大，最终金属件的精度很难得到控制。

（2）用低熔点金属（如 Cu、Sn 等）粉末作黏结剂的复合粉末。此类黏结剂在成形后将继续留在型坯中。由于低熔点金属黏结剂本身具有较高的强度，型坯的相对密度、强度都较高，因而不需要通过脱脂、高温烧结等后处理步骤就可以得到性能较高的金属件。

第四节　选区激光熔化

选区激光熔化技术（Selective Laser Melting，SLM）于 1995 年由德国 Fraun-hofer 提出。SLM 以光斑很小的高功率激光器快速、完全熔化粉末材料（这些材料可以是单一金属粉末、合金粉末甚至陶瓷粉末）。SLM 综合运用了新材料技术、激光技术、计算机技术等前沿技术，受到国内外的高度重视，成为新时代极具发展潜力的高新技术。它给制造业，尤其是给快速精密加工、快速模具制造、个性化医学产品、航空航天零部件和汽车零配件生产行业的发展带来了无限活力。

一、SLM 成形原理

SLM 成形的原理与 SLS 类似。但 SLS 是通过低熔点金属或黏结剂的熔化使高熔点的金属粉末或非金属粉末黏结在一起，而 SLM 是将金属粉末完全熔化，因此其要求的激光功率密度要明显高于 SLS。激光束开始扫描前，水平铺粉辊先把金属粉末平铺到成形室的基板上，然后激光束将按当前层的轮廓信息选择性地熔化基板上的粉末，加工出当前层的轮廓；可升降系统下降一个分层厚度，滚动铺粉辊再在已加工好的当前层上铺金属粉末，激光再将新铺的金属粉末熔化；设备调入下一分层进行加工……如此层层加工，直到整个零件加工完毕。整个加工过程在真空或通有保护气体的成形室中进行，以避免金属在高温下与其他气体发生反应。SLM 技术是在 SLS 技术的基础上发展起来的，两种技术都可以用来成形金属零件。以下介绍两种技术的主要区别。

（一）成形材料不同

SLS 所选用的成形材料必须是两种不同熔点材料的混合粉末，一种为待加工零件目标材料，另一种为起到黏结剂作用的低熔点粉末材料，而且往往需要特别配制。SLM 则对熔点要求较低，适用的材料品种更广泛，从单一组分金属粉末到合金、复合材料，甚至陶瓷材料，都具有可行性。

（二）成形机理不同

SLS 成形中，激光通过扫描将混合粉末中低熔点的材料熔化，高熔点的材料并不熔化，而是被熔化成液态的低熔点材料黏结在一起，形成与粉末冶金坯件类似的原型。SLM 要求用激光将粉末完全熔化为液态，经快速冷却凝固后形成具有完全金相组织的零件。

二、SLM 成形特点

SLM 技术作为 3D 打印技术的一种，相对于传统加工方法，主要具有以下特点。

（一）成形工艺简单，产品性能优良

SLM 成形能直接制成终端金属产品，不借助铸模锻模技术，不用任何后处理工艺或只需要简单的表面处理，通过简单的 CAD 造型和材料选择即可加工出能直接使用的零件，提高了生产效率。使用具有高功率密度的激光器，以光斑很小的激光束加工金属，能得到具有非平衡态过饱和固溶体及均匀细小金相组织的实体，相对密度几乎能达到 100%，零件力学性能与锻造工艺所得相当，尺寸精度可达 0.1 mm，表面粗糙度 Ra 可达 30～50μm。

（二）易成形复杂结构，材料利用率高

SLM 技术适合制造各种复杂形状的工件，尤其是内部有复杂异型结构（如空腔、三维网格）以及用传统方法无法制造的复杂工件。SLM 成形技术制造零件消耗的材料基本上与零件实际用料相等，未用完的粉末材料可以重复利用，材料的利用率高达 90%以上。

（三）满足个性化需求，应用领域广

利用 SLM 技术可以满足一些个性化的制造需求。如制造人的牙齿，由于人的牙齿各不相同，不适合批量制造，这时便可以采用 SLM 技术。通过扫描牙齿获得三维数据，利用逆向建模构建出牙齿的三维模型，最后通过 SLM 成形机打印出来，这样就可省去使用传统方法制造一个个牙齿模具的工艺过程，缩短生产周期，提高生产效率。SLM 基于其独特的成形技术，在航空航天、生物医学等高新领域已经崭露头角，渐有大放异彩之势，日益受到国内外各行各业专家的广泛关注。

三、SLM 成形材料

SLM 技术的特征是材料的完全熔化和凝固。因此，其主要适合于金属材料的成形，并且其优点之一就是能够利用大部分金属材料，包括混合粉末、合金粉末，以及纯金属粉末等。

（一）混合粉末

混合粉末是将多种成分颗粒利用机械方法混合均匀后的产物。常用的混合方法是机械球磨法。经过适当配比、球磨混合均匀后的混合粉末松装密度较高。不过，混合粉末在成形过程中会受到辊筒或刮板等作用，粉末成分易出现分离（不均匀化），因而会影响成分分布的均匀度。若成形过程中为了增加松装密度而应用振动装置，则混合粉末成分分布不均匀的程度将更加严重。

（二）合金粉末

合金粉末是由液态合金通过雾化方法制备的粉末，其粉末颗粒成分均匀。因此，利

用合金粉末成形，没有成分分布不均匀的不利因素。

（三）纯金属粉末

纯金属粉末是液态单质金属通过雾化方法制备的粉末，粉末的颗粒成分均匀。因此，SLM 单质金属粉末成形也不存在成分分布不均匀的不利因素。SLM 成形材料的研究是目前 3D 打印材料研究的热点。下面介绍几种常见的 SLM 金属粉末材料。

（1）铁基合金。主要研究的铁基合金包括 Fe-C、Fe-Cu、Fe-C-Cu-P、不锈钢和 M-2 高速钢。Fe、P、Cu 能够降低工艺所需的能量密度，P 还能降低熔池表面张力，提高熔池的润湿性及抗氧化性。

（2）钛及钛合金。钛是同素异形体，熔点为 1660（±10）℃，在低于 882.5℃时呈密排六方晶格结构，称为 α 钛；在 882.5℃以上时呈体心立方晶格结构，称为 β 钛。利用钛的上述两种结构的不同特性，添加适当的合金元素，使其相变温度及相分含量逐渐改变而得到不同组织的钛合金，具有重量轻、强度高、韧度高和耐腐蚀等特点。

（3）镍基合金。镍基合金是指在 650～1000℃高温下有较高的强度与一定的抗氧化腐蚀能力的一类合金。常用的 SLM 镍基合金主要有 Inconel 625、Inconel718 及 Waspaloy 合金等。例如，镍基高温合金可以用在航空发动机的涡轮叶片与涡轮盘上。

（4）铝合金。通常使用 Cu、Zn、Mn、Si、Mg 等合金元素，作为轻金属材料，由于其优良的物理、化学和力学性能，在航空航天、高速列车及轻型汽车等领域获得了广泛应用。AlSi 10Mg Speed1.0 是 EOS 公司的产品，平均粒径为 30μm，经过 3D 打印后几乎可以获得 100%的相对密度，且制件的抗拉强度可以达到 360MPa，屈服强度可以达到 220MPa。

（5）铜合金。铜合金具有良好的导热、导电性能和较好的耐磨与减摩性能，在电子、机械、航空航天等领域得到了广泛应用。

第五节　三维印刷成形

三维印刷成形（3DP）工艺分为基于喷墨打印原理的 3D 打印成形工艺和黏结剂喷射式 3D 打印成形工艺，本节主要介绍黏结剂喷射式 3D 打印成形工艺（后文简称 3DP）。3DP 工艺与 SLS 工艺类似，但固化方式不同：首先铺粉作为基底，按照原型零件分层截面轮廓，喷头在每一层铺好的材料上有选择性地喷射黏结剂，喷过黏结剂的粉末材料被黏结在一起，其他地方仍为松散粉末，层层黏结后去除未黏结的粉末就得到了三维实体。工作过程中喷射方式类似于普通喷墨打印机。3DP 使用的粉末材料有金属粉末、陶瓷粉末、石膏粉末和塑料粉末等。

一、3DP 成形原理

3DP 成形原理及其工作过程如下：

（1）铺粉辊将供粉缸活塞上方的一层粉末（如石膏粉）铺设至成形缸活塞上方；

（2）喷头按照经 CAD 确定的工件截面层轮廓信息，在水平面上沿 X 方向和 Y 方向运动，并在铺好的一层粉末上，有选择地喷射黏结剂，黏结剂渗入部分粉末的微孔中并使其黏结，形成工件的第一层截面轮廓；

（3）一层成形完成后，成形缸活塞下降一个分层厚度（一般为 0.1～0.2mm），供粉缸活塞上升一个分层厚度，再进行下一层的铺粉；

（4）在下一层上有选择地喷射黏结剂，形成工件的下一层截面轮廓。如此循环，直到完成最后一层的铺粉与黏结，形成 3D 工件为止。

在这种 3D 打印机中，未黏结的粉末自然构成支撑，因此不必另外制作支撑结构，成形完成后也可免除剥离支撑结构的麻烦。此外，喷头还可以喷射多种颜色的黏结剂，以便成形彩色工件。

二、3DP 成形特点

3DP 技术最大的特点就是能够制作彩色产品，多用于商业、办公、科研和个人工作室，具体成形特点如下：

（1）成形速度快，完成一个产品的加工有时只需半小时；

（2）不需要激光器，设备具有较低的制造成本与运行成本；

（3）可使用多种粉末材料及多种色彩的黏结剂，制造彩色零部件；

（4）不需要添加支撑，成形过程中不需要单独设计与制作支撑；

（5）高度柔性，生产过程不受零件的形状结构等多种因素的限制，能够完成各种复杂形状零件的制造；

（6）成形材料无味、无毒、无污染，成本低，品种多，性能高。

三、3DP 成形材料

3DP 成形所需的材料，主要包括粉末和黏结剂两部分。

1.成形所需的粉末

从 3DP 成形原理可以看出，对 3D 打印机使用的粉材有以下几点基本要求：①粒度应足够细，一般应为 30～100 μm，以保证成形件的强度和表面品质；②能很好地吸收所喷射的黏结剂，形成工件截面；③低吸湿性，以免从空气中吸收过量的湿气而导致结块，影响成形品质；④易于分散，性能稳定，可长期储存。

目前，3DP 成形所需的粉末材料大体上有石膏粉末、淀粉、沙子、陶瓷粉末、金属粉末、复合材料粉末、石墨烯等，各种类型的粉末材料都要求尺寸分布均匀、球形度高、与黏结剂作用后固化迅速等。在 3DP 所用粉末的粒径范围内，粉末直径越小，流动性越差，制件内部孔隙率越大，但所得制件的质量和塑性较好；粉末直径越大，流动性越好，但打印精度越差。

（1）石膏粉末

石膏粉末是 3DP 应用较早、较为成熟的粉末之一，它具有价格低廉、环保安全、成形精度高等优点，并在生物医学、食品加工、工艺品制造等行业有较为广泛的应用。目前的研究方向有石膏粉末打印工艺参数优化、石膏粉末改性等。

（2）陶瓷粉末

陶瓷材料由于其硬度、强度高和脆性大，在航空航天、电子产品、医学等领域应用较广。其成形方式一般是通过模具挤压，整个过程成本高，周期长，但采用3DP来打印陶瓷制品，省去了制模过程，可以大大降低成本、提高生产效率。有研究表明，3DP成形的陶瓷制件精度相对较差，因而多用于陶瓷基复合材料零件的制造。

（3）金属粉末

金属材料的3DP成形近年来逐渐成为整个3D打印行业内的研究重点，尤其是针对航空航天、国防等一些重大领域。与传统的选择性激光烧结方法相比，3DP成形设备体现出成本低和能耗低的优势。

（4）石墨烯

近年来，石墨烯材料作为目前最薄、强度最大、导电导热性能最强的一种新型纳米材料被人们发现和认知。国内外学者由此也提出将3DP成形技术应用于石墨烯产品的制备，包括全球石墨烯行业巨头Lomiko金属公司在内的多家公司都相互建立起合作关系来开发多种基于石墨烯的三维打印新材料，美国石墨烯公司也与乌克兰国家科学院合资公司顺利研究出了首个三维打印石墨烯材料。

（5）复合材料

目前复合材料应用到3DP成形技术中还比较少，已经研制出的混合材料有：羟基磷灰石/双GMA复合材料，钛/羟基磷灰石复合材料以及氧化铝和糊精复合材料。

粉末材料的优劣直接影响到最终制件的打印质量。随着技术的不断发展，这些基体粉末中往往会加入不同的添加剂以保证打印精度和打印强度。例如，加入卵磷脂，可保证打印制件形状准确，并且还可以减少打印过程中粉末颗粒的飘扬；混入SiO_2可以增加整体粉末的密度，减小粉末之间的孔隙，提高黏结剂的渗透程度；加入聚乙烯醇、纤维素，可以加固粉床；加入氧化铝粉末、滑石粉，可以增加粉末的滚动性和流动性。

2.成形所需的黏结剂

用于打印头喷射的黏结剂有以下基本要求：①具有较高的黏结能力；②具有较低的黏度且颗粒尺寸小（10～20μm），能顺利地从喷嘴中流出；③能快速、均匀地渗透粉末层并使其黏结，即黏结剂应具有浸渗剂的性能。

3DP 所使用的黏结剂总体上大致分为液体和固体两类，而目前液体黏结剂应用较为广泛。液体黏结剂又分为以下几个类型：①自身具有黏结作用的，如 UV 固化胶；②本身不具备黏结作用，而是用来触发粉末之间黏结反应的，如去离子水；③本身与粉末之间会发生反应而达到黏结成形作用的，如用于氧化铝粉末的酸性硫酸钙黏结剂。此外，为了满足最终打印产品的各种性能要求，针对不同的黏结剂类型，常常需要在其中添加促凝剂、增流剂、保湿剂、润滑剂、pH 调节剂等多种发挥不同作用的添加剂。

第三章　3D 打印材料技术

3D 打印技术使用的成型材料本身的特性对成型件的成型质量和成型工艺的实现起着决定性的作用。本章主要介绍 3D 打印技术使用的各类成型材料以及成型件的后处理流程。

第一节　SLA 工艺成型材料

一、SLA 工艺成型材料

光固化成型（SLA）工艺是最早发展起来的 3D 打印技术之一，也是目前研究最深入、技术最成熟、应用最广泛的成型工艺之一。SLA 工艺所用的成型材料一般为光固化材料。

（一）光固化概念

光固化成型就是在光源（紫外光、激光）的作用下实现固化的过程，属于化学方法固化，是光引发化学反应的结果。光固化的物质基础是以预聚物为主要组成物，辅以活性稀释剂或称之为活性单体的物质、光引发剂和添加剂（稳定剂、填料、颜料及改性剂等）等。固化的化学机理依赖于光引发剂产生的是阳离子自由基，而且不论何种固化机理，整个聚合、交联过程都通过不饱和双键进行。高能辐射源特别是电子束固化和 γ 射线固化，由于能量很高，整个固化过程不需要引发剂，直接且随机地在反应介质中产生自由基，这样不仅导致不饱和双键的聚合，而且在分子链骨架上产生的自由基也可相互耦合或引发反应。

光敏树脂体系中的预聚物也被称为低聚物或齐聚物。预聚物主要是不饱和树脂，一般含有 C-C 双键、环氧基团等，是光固化树脂的主体，它的性能基本上决定了固化后成型材料的主要性能，并且赋予固化物物理化学性能。一般来说，预聚物分子量大，固化时体积收缩小，但由于分子量大，黏度高，也就需要更多的活性单体稀释。活性单体就是本身分子量比较小，又可参与并促进固化交联反应形成模型材料的一种有机化合物。在辐射固化组成中，活性单体起着重要的作用。在光固化树脂体系中由于预聚物黏度较大，不能满足成型的要求，必须加入活性单体来调节体系的黏度。活性单体一方面能够降低树脂体系的黏度，另一方面也参与光聚合，影响固化动力学、聚合程度和所生成的聚合物的物理化学性质等。

光引发剂实质上是一种将光能转换为化学能的媒体，是光固化组分预聚物和单体吸收光能的一种桥梁。依据受光作用产生裂解的结果，光引发剂可以分为自由基型、阳离子型以及混杂性三种类型。

添加剂是固化成型材料的重要组成部分，可以改善生产工艺、提高产品性能（液态树脂和固化物），减少对环境的污染，开发各种功能性材料。虽然绝大多数添加剂的使用比例相对较低，但往往对性能改进起到十分关键的作用。

（二）光敏树脂特性

用于 SLA 的光固化树脂和下面介绍的普通的光固化预聚物基本相同，但由于 SLA 所用的光源是单色光，不同于普通的紫外光，同时对固化速率又有更高的要求，因此用于 SLA 的光固化树脂一般应具有以下特性。

1.黏度低

光固化是根据 CAD 模型，树脂一层层叠加成零件。当完成一层后，由于树脂表面张力大于固态树脂表面张力，液态树脂很难自动覆盖已固化的固态树脂的表面，必须借助自动刮板将树脂液面刮平涂覆一次，而且只有待液面流平后才能加工下一层。这就需要树脂有较低的黏度，以保证其较好的流平性，便于操作。现在树脂黏度一般要求在 600cP·s

（30℃）以下。

2.固化收缩小

液态树脂分子间的距离是范德华力作用距离，距离为 0.3～0.5 nm。固化后，分子发生了交联，形成网状结构，分子间的距离转化为共价键距离，约为 0.15 nm，显然固化前后分子间的距离减小。分子间发生一次加聚反应，其距离就要减小 0.125～0.325nm。虽然在化学变化过程中，C=C 转变为 C-C，键长略有增加，但对分子间作用距离变化的贡献是很小的。因此，固化后必然出现体积收缩。同时，固化前后由无序变为较有序，也会出现体积收缩。收缩对成型模型十分不利，会产生内应力，容易引起模型零件变形，产生翘曲、开裂等，严重影响零件的精度。因此，开发低收缩的树脂是目前 SLA 树脂面临的主要问题。只有低收缩才有利于提高成型模型零件的精度。

3.固化速率快

一般 SLA 成型时以每层厚度 0.1~0.2mm 的方式进行逐层固化，完成一个零件要固化百至数千层。因此，如果要在较短时间内制造出实体，固化速率是非常重要的。激光束对一个点进行曝光时间仅为微秒至毫秒的范围，几乎相当于所用光引发剂的激发态寿命。低固化速率不仅影响固化效果，同时也直接影响着成型机的工作效率，很难适用于商业生产。

4.溶胀小

在模型成型过程中，液态树脂一直覆盖在已固化的部分工件上面，能够渗入到固化件内而使已经固化的树脂发生溶胀，造成零件尺寸发生增大。只有树脂溶胀小，才能保证模型的精度。

5.高的光敏感性

由于 SLA 所用的是单色光，这就要求感光树脂与激光的波长必须匹配，即激光的波长尽可能在感光树脂的最大吸收波长附近。同时，感光树脂的吸收波长范围应窄一些，这样可以保证只在激光照射的点上发生固化，从而提高零件的制作精度。

6.固化程度高

可以减少后固化成型模型的收缩，从而减少后固化变形。

7.湿态强度高

较高的湿态强度可以保证后固化过程不产生变形、膨胀及层间剥离。

综上，理想的 SLA 成型材料应具备以下性能：

（1）高固化速度、低收缩、低翘曲光固化树脂，以确保零件成型精度。

（2）具有更好的力学性能，尤其是抗冲击性和柔韧性，以便直接使用和功能测试用。

（3）低黏度，无毒害，无环境污染的真正意义上的绿色产品。

（4）具有导电性、耐高温性、阻燃性、耐溶性、透光性高的树脂，以直接投入应用。

（5）具有生物相融性，用以制作生物活性材料。

（6）安全性高，毒性低（皮肤刺激指数 PH 值 3 以下，小于 2 最好），挥发性低，气味小。

（三）光敏树脂研究现状

最早应用于 SLA 工艺的液态树脂是自由基型紫外光敏树脂，主要以丙烯酸醋及聚氨酯丙烯酸酯作为预聚物，固化机理是通过加成反应将双键转化为单键。这类光敏树脂具有固化速度快、黏度低、韧性好、成本低的优点。其缺点在于：在固化时，由于表面氧的干扰作用，使成型零件精度较低；树脂固化时收缩大，成型零件翘曲变形大；反应固化率（固化程度）较环氧系的低，需二次固化；固化反应后应力变形大。

随后又开发了阳离子型紫外光敏树脂，主要以环状化合物及乙烯基醚作为预聚物，固化机理为在光引发剂的作用下，预聚物环状化合物的环氧基发生开环聚合反应，树脂由液态变为固态。以乙烯基醚类为预聚物的阳离子光敏树脂出现得较晚，1992 年 3 月，日本成功开发了以乙烯醚预聚物为主要成分的 Exactomer 2201 型树脂，作为 SLA-250 快速成型设备的专用树脂。

阳离子型树脂的优点在于：聚合时体积收缩小，反应固化率高，成型后不需要进行二次固化处理，与需要进行二次固化的树脂相比，不会发生二次固化时的收缩应力变形；不受氧阻聚；由于成型固化率高，时效影响小，因而成型数月后也无明显的翘曲及应力变形产生；力学性能好。其缺点在于：树脂黏度较高，需添加相当量的活性单体或低黏度的预聚物才能达到满意的加工黏度；阳离子聚合通常要求在低温、无水情况下进行，条件比自由基聚合苛刻。

目前，将自由基聚合树脂与阳离子聚合树脂混合聚合的研究较多，这类混合聚合的光敏树脂主要由丙烯酸系列、乙烯基醚系列与环氧系列的预聚物和单体组成。由于自由基聚合具有诱导期短、固化时收缩严重、光熄灭后反应立即停止的特点；而阳离子聚合具有诱导期较长、固化时体积收缩小、光熄灭后反应可继续进行的特点，因此两者结合可互相补充，使配方设计更为理想，还有可能形成互穿网络结构，使固化树脂的性能得到改善。

在 3D 打印技术中，光固化树脂的配方研究主要内容包括：

（1）确定光固化树脂所需组分以及光引发剂适合含量。

（2）研究树脂各个组分含量对最终固化成型的影响。

（3）光固化树脂黏度及流动性的研究。

（4）光固化树脂在基底上的流平速度的研究。

（5）光固化树脂稳定性能研究。

根据目前的研究现状，光固化材料的研发重点将逐渐集中于几个方向。

1.开展特种功能性预聚物研究

由于世界各国对环保立法的逐渐加强，紫外光/电子束（EB）固化技术近年来在世界范围内得到了迅速发展。光固化成型技术将越来越广泛地应用于电子工业、印刷行业以及微细加工等领域。

开发低黏度预聚物可以减少配方中有皮肤刺激的稀释单体用量，而特殊功能预聚物的开发主要是改善其物理、化学性能，如黏附力、耐磨性、耐候性、坚硬性、柔韧性、耐高温性、阻燃性、弹性、抗张性、抗断裂性、耐化学品性及与颜料匹配的润湿和分散性等。

2.发展环境友好的固化组分的研究

水稀释性紫外光固化预聚物是光固化成型技术的主要方向，此类预聚物有以下 3 种类型。

（1）水溶性预聚物

非离子型：乙二醇或丙三醇的（甲基）丙烯酸酯。

阴离子型：把羧基和含双键的化合物用碱性化合物中和，主要有含有羧基的丙烯酸聚合物与甲基丙烯酸缩水甘油酯、含有羧基和羟基的聚酯的丙烯酸缩合物、环氧丙烯酸酯与二元酸酐等。

（2）乳液型预聚物

在聚酯丙烯酸及聚氨酯丙烯酸等预聚物中加入乳化剂，充分混合。

（3）分散型预聚物

由二异氰酸酯十二醇与二羟甲基丙酸反应得到的含有羧基的多异氰酸酯，在含有羟基的丙烯酸单体中氨基甲酸酯化，中和过程中自己发生乳化。

3.加强固化体系添加物的互溶性研究

20 世纪 80 年代末出现了在纯预聚物体系中添加无机填料来提高涂料耐磨性的报道。丙烯酸酯体系中的无机填料有：a－铝球粒子、烷基表面改性的 Si/Al 粒子、层压结晶填料等。添加无机填料在一定程度上可提高成型材料的耐磨性，但同时存在无机填料与碳氢键互不相溶的问题，引起了人们将无机物与有机物通过共价键相结合来改善涂料耐磨性的探索。偶联剂对无机物与有机物的结合起着重要的作用。例如，用溶胶—凝胶法（Sol-Gel）制备含丙烯酰氧基硅氧烷的光固化耐磨涂料，在制备过程中，硅烷偶联剂 R-Si（OR）$_3$的 OR 基为可水解基团，遇水分解成 R-Si（OH）$_3$，然后同无机前驱体的水解产物发生缩合反应，形成 Si-O-Si，达到与 SiO_2 无机网络相连接的目的。另一方面，硅烷偶联剂的 R 基团与有机相起化学反应形成化学键，硅烷偶联剂正是基于以上两种基团的反应，使两种性质不同的有机/无机相“偶联”起来。

4.开发低收缩固化体系

阳离子开环聚合体系，是从理论上将阳离子体系固化的体积缩小，黏度较低，固化零件精度高，非常适合 SLA 成型工艺。这类树脂在固化过程中，产生键合原子的同时也产生了新的非键合原子，弥补了部分体积收缩，因此开环聚合比双键的加成聚合的体积收缩要小。开发膨胀聚合体系如：杂原子螺环、桥环化合物的开环聚合调配成零收缩的光固化树脂，这无疑是对光固化成型技术尤其是 SLA 成型工艺的一个突破。也可研制开发在固化过程中利用光分解产生某些气体（如 N_2、CO_2）单体或添加剂，将产生的微气泡稳定于固化的树脂中来减少固化过程中的体积收缩。总之研制低收缩固化体系具有极其重要的意义和价值。

（四）几种常见光敏树脂

目前，研究光固化 3D 打印技术的主要有美国 3DSystems 公司和以色列 Objet 公司，常见的光敏树脂有 Somos Next 材料、Somos WaterShed XC 11122 材料、Somos 19120 材料和环氧树脂等。

Somos Next 材料为白色材质，类 PC 新材料，韧性非常好，基本可达到选择性激光烧结（SLS）制作的尼龙材料性能，而精度和表面质量更佳，是目前性能最接近热塑性塑料的光固化快速成型材料。Somos Next 材料制作的部件拥有迄今最优的刚性和韧性，克服了传统快速成型件比较脆的缺陷，同时保持了光固化立体造型材料做工精致、尺寸精确和外观漂亮的优点，主要应用于汽车、家电、电子消费品等领域，它同样高度适用于生产功能性原型以及最终用途零件，包括卡扣、叶轮、管道、连接装置、电子产品外壳、汽车壳、仪表盘组织、包装、体育用品等。

二、SLA 支撑材料

SLA 工艺成型时，负责构造零件的实体建模材料为光固化材料；支撑材料是对于结构比较复杂的零件，零件中常会有内部空洞和悬空部分，这时需要用支撑材料进行填充，以支撑实体材料喷射出的液滴直至固化，辅助实体材料成型。当喷射完成后，支撑材料从模型零件中除去。目前，根据支撑材料固化形式的不同，支撑材料分为相变蜡支撑材料和光固化支撑材料。

（一）相变蜡支撑材料

相变蜡支撑材料是利用混合蜡在不同温度时，吸收或放出热量，固、液两相之间转变的原理。温度升高，混合蜡从环境中吸收热量，当温度升高到其温度熔点时，混合蜡从固态转变为液态，这时可通过支撑喷头进行喷射；当液态混合蜡喷射出来后，温度下降，当温度降至混合蜡的凝固点时，混合蜡由液态转变为固态，从而起到支撑作用。其优点是原料价格十分便宜，且不容易堵塞喷头，即使喷头堵塞，只需要加热喷头或用热水冲洗就能够疏通喷头。但是，此种支撑材料需要在较高的温度下进行喷射，固化时需要冷却。与光固化支撑材料相比较，相变蜡支撑材料成型时间较长，成型精度较差。

（二）光固化支撑材料

光固化支撑材料与实体建模材料一样，都是一种可用于光固化的聚合物树脂。其原理就是用于支撑的树脂从喷头喷射出来后，经紫外灯照射固化，从而起到支撑作用。其优点是可以在较低的温度下喷射，提高喷射的稳定性，采用光固化树脂作为支撑，收缩率低，能提高制件精度。但由于这种支撑材料预聚物中加入了光固化单体，容易热聚成凝胶，所以堵塞喷头的现象时有发生；且光固化单体聚合交联后不溶于大多数溶剂，喷头堵塞后容易损坏。

第二节　LOM 工艺成型材料

LOM（薄材叠层制造成型）工艺常用的原材料有纸材、金属箔、塑料薄膜、陶瓷薄膜和复合材料片材等，目前 LOM 基体材料主要是纸材。这些材料除了可以制造模具、模型外，还可以直接制造结构件或功能件。材料品质的优劣主要表现为成型件的黏结性能、强度、硬度、可剥离性、防潮性能等。

一、LOM 材料组成

LOM 工艺成型材料为涂有热熔胶的薄层材料，层与层之间的黏结是靠热熔胶保证的，一般由薄片材料和热熔胶两部分组成。

（一）薄片材料

根据对原型件性能要求的不同，薄片材料可分为：纸片材、金属片材、陶瓷片材、塑料薄膜和复合材料片材。对基体薄片材料要求是：有良好的抗湿性、良好的浸润性、抗拉强度高、收缩率小、剥离性能好。

目前纸片材应用最多。这种纸由纸质基底和涂覆的黏结剂、改性添加剂组成，成本较低。

（二）热熔胶

用于 LOM 纸基的热熔胶按基体树脂划分，主要有乙烯—醋酸乙烯酯共聚物型热熔胶、聚酯类热熔胶、尼龙类热熔胶或其混合物。热熔胶要求有如下性能：

（1）良好的热熔冷固性能（室温下固化），有利于涂布。

（2）在反复“熔融—固化”条件下其物理化学性能稳定。

（3）熔融状态下与薄片材料有较好的涂挂性和涂匀性。

（4）足够的黏结强度。

（5）在薄片材料中有一定的渗透能力，和片材之间有较好的润湿性和亲和性，黏结牢固。

（6）吸湿性较低，在制件保存过程中不会引起较大的形变。

（7）良好的废料分离性能，有利于废料的剥离，后处理方便。

目前，EVA 型热熔胶应用最广。EVA 型热熔胶由共聚物 EVA 树脂、增黏剂、蜡类和抗氧剂等组成。增黏剂的作用是增加对被黏物体的表面黏附性和胶接强度。随着增黏剂用量增加，流动性、扩散性会变好，能提高胶接面的润湿性和初黏性。但增黏剂用量过多，胶层会变脆，内聚强度下降。为了防止热熔胶热分解、胶变质和胶接强度下降，延长胶的使用寿命，一般加入 0.5%~2%的抗氧剂；为了降低成本，减少固化时的收缩率和过度渗透性，有时会加入填料。

热熔胶涂布可分为均匀式涂布和非均匀式涂布两种。均匀式涂布采用狭缝式刮板进行涂布，非均匀式涂布有条纹式和颗粒式。一般来讲，非均匀式涂布可以减少应力集中，但涂布设备比较贵。

LOM 原型的用途不同，对薄片材料和热熔胶的要求也不同。当 LOM 原型用作功能构件或代替木模时，满足一般性能要求即可。若将 LOM 原型作为消失模进行精密熔模铸造，则要求高温灼烧时 LOM 原型的发气速度较小，发气量及残留灰分较少等。而用 LOM 原型直接作模具时，还要求片层材料和黏结剂具有一定的导热和导电性能。

二、纸质片材

LOM 工艺所用的纸一般由纸质基底和涂覆的黏接剂、改性添加剂组成，其成本较低，基底在成型过程中不发生状态改变（即始终为固态），因此翘曲变形小，最适合于大、中型零件的制作。

选择 LOM 纸材应按照以下基本要求：

（1）形状为卷筒纸，便于系统工业化的连续加工。

（2）厚度根据成型制件的精度及成型时间的要求综合确定。在精度要求高时，应选择薄纸；在精度能满足要求的前提下，尽量选择厚度较大的纸，这样可以提高成型速度。

（3）均匀性好。测纸不同点的厚度时，要求相对误差不大于 5%；同时，纸的正反面，纵横向差别也应尽量小。

（4）力学性能好。纸在受拉力的方向必须有足够的抗张强度，便于纸的自动传输和收卷；同时，纸的抗张强度还影响成型制件铸件的力学性能。纸的伸长率、耐折度、撕裂度等也都是选择纸型时的参考指标。

（5）纤维的组织结构好，质量好的纸纤维长且均匀，纤维间保持一定间隙，因为 LOM 技术要求纸上涂布一层均匀的胶黏剂，所以要求纸的表面空隙大而密，使胶能很好地渗入纸层，在打印时能达到良好的黏结效果。

KINERGY 公司生产的纸材采用了熔化温度较高的粘结剂和特殊的改性添加剂，用这种材料成型的制件坚硬如木（制件水平面上的硬度为 18HRR，垂直面上的硬度为 100HRR），表面光滑，有的材料能在 200℃下工作，制件的最小壁厚可达 0.3~0.5mm，成型过程中只有很小的翘曲变形，即使间断地进行成型也不会出现不黏结的裂缝，成型后工件与废料易分离，经表面涂覆处理后不吸水，有良好的稳定性。采用纸质片材的 LOM 工艺由于激光切割过程中会造成有毒烟雾，成型精度低、原型强度较低等缺陷，目前已被采用 PVC 薄膜、陶瓷薄膜等材料的 LOM 工艺所取代。

三、陶瓷片材

LOM 工艺是由美国的 Helisys 公司首先开发并应用于陶瓷领域的。用于叠加的陶瓷材料一般为流延薄材，也可以是轧膜薄片。切割方式可采用接触式和非接触式两种，非接触式切割方式一般为激光切割，接触式切割可采用机械切割。国内直接用于陶瓷领域的 LOM 设备非常少，目前研究的重点主要是集中在流延素坯卷材的生产、素坯的叠加和烧结性能的研究上，并在此研究的基础上开发可连续生产的成套设备。

美国戴顿大学的唐纳德（Donald）等人应用 LOM 技术成功制备出了陶瓷器件、陶瓷基复合材料以及树脂复合材料。Lone Peak 工程公司采用 LOM 法制成了 Al_2O_3 槽头夹具，烧结后的陶瓷体厚度方向收缩率为 26.7%。与传统干压工艺成型器件的力学性能相比，二者之间相差不大；但是 LOM 工艺还具有可成形复杂形状器件和效率高的优点，因而应用前景好。

LOM 制造中应注意的一个问题是坯体表面存在层与层之间的台阶，表面不光滑，需要进行边界磨光。边界处理可以采用切割成网状后，表面磨光的方法。随着叠层技术和工艺的改进，四点弯曲强度可达 200~275MPa。从目前研究来看，可制备的陶瓷器件主要为形状较为复杂的盘状和片状等。如果制造成本进一步降低，日常和工业上应用的大多数的盘状、片状和管状陶瓷材料都可通过 LOM 工艺来实现。

第三节　SLS 工艺成型材料

SLS 工艺与 SLA 工艺很相似，只是用粉末原料取代了液态光聚合物，并以一定的扫描速度和能量作用于粉末材料。从理论上讲，任何被激光加热后能够在粉粒间形成原子间连接的粉末材料都可以作为 SLS 的成型材料。该技术具有原材料选择广泛、多余材料易于清理、应用范围广等优点，适用于原型及功能零件的制造。SLS 技术使用的是微米级粉体材料，包括塑料、蜡、陶瓷、金属及其复合粉体。用蜡可以制造精密铸造用蜡模，用热塑性塑料可以制造消失模，用陶瓷可以制造铸造壳型、型芯和陶瓷构件，用金属可以制造金属结构件。下面介绍几种常见的 SLS 成型材料。

一、金属粉末材料

金属基合成材料的硬度高，有较高的工作温度，可用于复制高温模具。常用的金属基合成材料是由以下几种材料组合而成。

（1）金属粉，使用的金属粉末主要是不锈钢粉末、还原铁粉、铜粉、锌粉、铝粉等。

（2）黏结剂，主要是高分子材料，一般多为有机玻璃（PMMA）粉、聚甲基丙烯酸丁酯（PBMA）、环氧树脂和其他易于热降解的高分子共聚物。

金属基粉末材料主要有两大类，一类是用聚合物作黏结剂的金属粉末，包括用有机聚合物包覆金属粉末材料制得的覆膜金属粉末及金属与有机聚合物的混合粉末。这类金属粉末在激光烧结过程中，金属颗粒被有机聚合物黏结在一起，形成零件初坯。初坯经过高温脱除有机聚合物、渗铜等后处理，可制得密实的金属零件和金属模具。另一类是不含有机黏合剂的金属粉末，这类金属粉末可用大功率的激光器直接烧结成致密度较高的功能性金属零件和模具。

金属粉末的直接烧结成型因工艺简单而备受关注，但有较大的难度。金属粉末在激光烧结过程中，激光束逐行扫描而形成圆柱形的金属熔化轨迹，为减少表面积，降低液相表面能，液柱有分裂成一排球面的倾向，称为“球化”效应。球形直径往往大于粉末颗粒直径，导致大量孔隙存在于烧结件中。单组分金属粉末的“球化”效应尤其严重，因此直接烧结成形的金属粉末通常采用两种及两种以上金属的混合物，熔点较低的金属起黏结剂的作用。

多元金属粉末中的黏结剂大多采用的是金属 Sn 等低熔点材料，由于熔点较低，且低熔点金属材料的强度一般也较低，使得制成的烧结件强度也低，性能很差。为了提高烧结件的性能，必须提高多元金属粉末中低熔点金属的熔点，最好用熔点接近或超过 1 000℃的金属材料作为黏结剂，用更高熔点金属作为合金的基体。高熔点金属原子间结合力强，高温下不易产生塑性变形，即抗蠕变能力强，才能得到力学性能、尺寸精度、表面质量、金属密度等可以满足使用要求的金属零件及模具，因此高熔点金属粉末激光直接烧结成形的研究备受人们的关注。

能够用于 3D 打印的金属种类较少，包括不锈钢、钴铬合金、钛合金等。但近年来，随着各国材料研究的继续进行，越来越多的金属材料可用于 3D 打印技术，研发人员也有了更大的选择范围，包括工具钢、铝压铸合金、镍基合金等材料。

二、高分子粉末材料

在高分子粉末材料中，经常使用的材料包括聚碳酸酯（PC）、聚苯乙烯粉（PS）、

ABS、尼龙（PA）、尼龙与玻璃微球的混合物、蜡料等。应用于精密铸造金属零件的材料时，使用的高分子基体材料要求在中、低温易于流动或者易于热分散。已商品化的 SLS 高分子粉末材料有：

（1）DuraForm PA（尼龙粉末），其热稳定性、化学稳定性优良。

（2）DuraForm GF（添加玻璃珠的尼龙粉末），其热稳定性、化学稳定性优良，尺寸精度很高。

（3）Polycarbonate（聚碳酸酯粉末），其热稳定性良好，可用于精密铸造。

（4）CastForm（聚苯乙烯粉末），需要用铸造蜡处理，以提高制件的强度和表面粗糙度，完全与失蜡铸造工艺兼容。

（5）Somos 201（弹性体高分子粉末），类似橡胶产品，具有很高的柔性。

高分子材料具有较低的成形温度，烧结所需的激光功率小，且其表面能低，熔融黏度较高，没有金属粉末烧结时较难克服的“球化”效应，因此高分子粉末是目前应用最多也是应用最成功的 SLS 材料。

三、陶瓷粉末材料

与金属基合成材料相比，陶瓷粉末材料有更高的硬度和更高的工作温度，也可用于复制高温模具。由于陶瓷粉末的熔点很高，所以在采用 SLS 方法烧结陶瓷粉末时，需在陶瓷粉末中加入低熔点的黏结剂。激光烧结时首先将黏结剂熔化，然后通过熔化的黏结剂将陶瓷粉末黏结起来而成型，最后通过后处理来提高陶瓷零件的性能。

目前常用的陶瓷粉末有 Al_2O_3、SiC、ZrO_2 等，其黏结剂有三种：有机黏结剂、无机黏结剂和金属黏结剂。

（1）有机黏结剂，如聚甲基丙烯酸甲酯（PMMA），用 PMMA 包覆 Al_2O_3、SiC、ZrO_2 等陶瓷粉末材料，经激光烧结成型后，再经过脱脂及高温烧结等后处理可以快捷地制造精密铸造用陶瓷型壳和工程陶瓷零件。

（2）无机黏结剂，如磷酸二氢氨，$NH_4H_2PO_4$，在烧结时熔化、分解、生成 P_2O_5。P_2O_5 继续与陶瓷基体 Al_2O_3 反应，最终生成 $AlPO_4$。$AlPO_4$ 是一种无机黏结剂，可将陶瓷粉末黏结在一起。

（3）金属黏结剂，如铝粉，在烧结过程中铝粉熔化，熔化的铝可将 Al_2O_3 粉末黏结在一起，同时还有一部分铝会在激光烧结过程中氧化，生成 Al_2O_3，并释放出大量的热，促进 Al_2O_3 熔融、黏结。

当材料为陶瓷粉末时，可以直接烧结铸造用壳型来生产各类铸件，甚至是复杂的金属零件。由于工艺过程中铺粉层的原始密度低，因而制件密度也低，故多用于铸造型壳的制造。陶瓷粉末烧结的制件的精度由激光烧结时的精度和后续处理时的精度决定。在激光烧结过程中，粉末烧结收缩率、烧结时间、光强、扫描点间距和扫描线行间距对陶瓷制件坯体的精度有很大影响。另外，光斑的大小和粉末粒径直接影响陶瓷制件的精度和表面粗糙度。后续处理（焙烧）时产生的收缩和变形也会影响陶瓷制件的精度。

四、覆膜砂粉末材料

覆膜砂与铸造用热型砂类似，采用酚醛树脂等热固性树脂包覆锆砂、石英砂的方法制得。在激光烧结过程中，酚醛树脂受热产生软化和固化，使覆膜砂黏结成型。由于激光加热时间很短，酚醛树脂在短时间内不能完全固化，烧结件的强度较低，须对烧结件进行加热处理。处理后的烧结件可用作铸造用砂型或砂芯来制造金属铸件。

应用于 SLS 技术的覆膜砂表面都涂覆有黏结剂，用得较多的为低分子量酚醛树脂。覆膜砂粉末材料需具备以下特点以达到较好的烧结效果。

（1）具有良好的黏结性，熔点在 160~260℃。

（2）覆膜材料能够有效降低黏度，增加砂粒的流动性，以保证铺粉时粉层均匀。

（3）覆膜材料要含有分散剂或非离子表面活性剂，使得覆膜颗粒能够均匀分散，不会把细颗粒黏结成粗大颗粒。

（4）覆膜材料应含有增加脆性的成分，以便于覆膜完成后的颗粒粉碎。

（5）可选择合适的溶剂使得所有的添加剂都能够充分溶解，以保证覆膜的效果。

五、其他材料

（一）石蜡粉末材料

石蜡粉末的熔化流动性较好、熔点较低，收缩变形相对于大多数粉末材料也较小，在激光作用下可以获得较好的烧结质量；但是石蜡粉末的团聚效应使其在铺粉时容易受铺粉滚筒的挤压集聚成块，且纯石蜡粉末流动性较差，易造成分层表面凹凸不平，影响铺粉的平整性，很难得到良好的铺粉效果；热塑性高分子材料也具有熔点低、流动性好等优良的可烧结性能。但其致命的弱点是收缩变形严重，这一点严重影响了其在3D打印中的应用。因此，美国DTM公司研制了低熔点高分子蜡的复合材料。

（二）聚苯乙烯

聚苯乙烯（PS）受热后会熔化、黏结，冷却后可以固化成型，而且该材料吸湿率小，收缩率也较小，其成型件浸树脂后可进一步提高强度，主要性能指标可达到拉伸强度>15 MPa、弯曲强度>33 MPa、冲击强度>3 MPa，可作为原型件或功能件使用，也可用作消失模铸造用母模生产金属铸件，但其缺点是必须采用高温燃烧法（高于300℃）进行脱模处理，因而会造成环境污染。因此，对于PS粉原料，针对铸造消失模的使用一般要求加入助分解助剂。如DTM公司的商业化产品TrueForm Polymer，其成型件可进行消失模制造，但其价格较高。

（三）工程塑料

工程塑料（ABS）与聚苯乙烯同属热塑性材料，其烧结成型性能与聚苯乙烯相近，只是烧结温度高20℃左右，但ABS成型件强度较高，所以在国内外被广泛用于快速制造原型及功能件。

（四）聚碳酸酯

对聚碳酸酯（PC）烧结成型的研究已经比较成熟，其成型件强度高、表面质量好且脱模容易，主要用于制造熔模铸造航空、医疗、汽车工业的金属零件用的消失模以及制作各行业通用的塑料模，如DTM公司的DTM Polycarbanate。但聚碳酸酯价格比聚苯乙烯昂贵。

（五）尼龙

尼龙（PA）材料用SLS方法可被制成功能零件，目前商业化广泛使用的有4种成分的材料。

（1）标准的 DTM 尼龙（Standard Nylon），能被用来制作具有良好耐热性能和耐蚀性的模型。

（2）DTM精细尼龙（DuraForm GF），不仅具有与DTM尼龙相同的性能，还提高了制件的尺寸精度，降低了表面粗糙度，能制造微小特征，适合概念型和测试型。

（3）DTM 医用级的精细尼龙（Fine Nylon Medi—Cal Grade），能通过高温蒸压，被蒸汽消毒5个循环。

（4）原型复合材料（ProtoFormTM Composite），是 DuraForm GF 经玻璃强化的一种改性材料，与未被强化的 DTM 尼龙相比，它具有更好的加工性能，同时提高了耐热性和耐腐蚀性。

此外，EOS公司发展了尼龙粉末材料PA3200 GF（类似于DTM的DuraForm GF），这种材料可以实现高精度零件的制造并具有很好的表面光洁度。

（六）纳米材料

纳米材料由于颗粒直径极其微小，在较小的激光能量冲击作用下，纳米粉末就会发生飞溅，因而利用 SLS工艺对于单项纳米粉体材料的烧结成型比较困难。对于纳米材料激光烧结温度的控制，一般是对于聚合物纳米材料采用固相烧结的方法；对于陶瓷纳米材料采用液相烧结的方法；对于金属纳米材料由于其具有易燃易爆炸的特性，目前直接成型烧结研究得并不多。

第四节　FDM 工艺成型材料

目前，应用于 FDM 工艺的材料基本上都是聚合物。成型材料包括 ABS、 PLA、石蜡、尼龙、PC 或聚亚苯基砜树脂（Polyphenylene Sulfone Resins，PPSU）等；支撑材料有两种类型，一种是剥离性支撑，需要手动剥离零件表面的支撑；另外一种是水溶性支撑，可分解于碱性水溶液中。

一、FDM 材料要求

FDM 材料属于热塑性材料，在材料熔点左右的温度下产生离散体之间的连接，通过一定的组分搭配，获得一定的流动性，以保证在成型过程中产生较小的内应力，从而减小零件的畸变。作为 FDM 材料，还必须具有一定的弯曲模量和弯曲强度，从而易于制成丝、卷成卷，并在挤出时提供一定的强度，保证挤出熔融的材料。另外，FDM 材料还必须具有较低的黏性，如此才能产生较精确的路径宽度。满足这些条件的材料有聚烯烃、聚酰胺、聚酯等。要使用某种新的材料还必须对其进行分析，包括热分析、流动性分析，以确定材料的黏性、热流动性和体积膨胀率。还应该测量材料的灰分、密度、柔软点和渗透性等参数。

用于 FDM 的热塑性塑料应具有低的凝固收缩率、陡的黏温曲线和较好的强度、刚度、热稳定性等物理机械性能。具体而言，应满足以下要求。

（一）机械性能要求

FDM 工艺的丝状进料方式要求料丝具有一定的弯曲强度、压缩强度和拉伸强度，这样在驱动摩擦轮的牵引和驱动力作用下才不会发生断丝现象；支撑材料只要保证不轻易折断即可。

（二）收缩率要求

成型材料的收缩越小越好。如果成型材料收缩率较大，会使 FDM 工艺中产生内应力，使零件产生变形甚至导致层间剥离和零件翘曲；而支撑材料收缩率大，会使支撑产生变形而起不到支撑作用。

（三）材料性能要求

对于成型材料，应保证各层之间有足够的黏结强度；对于可剥离性支撑材料，应与成型材料之间形成较弱的黏结力，对于水溶性支撑材料，要保证良好的水溶性，应能在一定时间内溶于碱性水溶液。

二、FDM 材料研究现状

ABS 材料是使用最多的 FDM 成型材料，人们系统研究了挤丝速度、出丝直径、挤丝高度、扫描速度、扫描沉积方式、喷嘴出口温度、成型室环境温度等工艺参数对 ABS 成型件的密度、拉伸强度及模量、弯曲强度及模量、曲挠强度等性能以及制件的精度和表面光洁度的影响，通过优化工艺参数，ABS 制成的 FDM 成型件已能满足实际产品的性能要求。

Stratasys 公司是世界上最大的 FDM 生产厂商，1998 年与 MedModeler 公司合作开发了专用于医院和医学研究单位的 MedModeler 机型，使用材料为 ABS。1999 年该公司推出可使用热塑性聚酯的 Genisys 型改进机型 Genisys-Xs，材料主要是 ABS、人造橡胶、铸蜡和热塑性聚酯。2001 年该公司推出了支持 FDM 技术的工程材料 PC。用该材料生产的原型可达到并超过 ABS 注射成型的强度，其耐热温度为 125～145℃。2002 年又推出了支持 FDM 技术的工程材料 PPSF，其耐热温度为 207.2~230℃，适合高温的工作环境。在各种快速成型工程材料之中，PPSF 有着最高的耐热性、强韧性以及耐化学品性。随后，Stratasys 公司开发了工程材料 PC/ABS。PC/ABS 结合了 PC 的强度以及 ABS 的韧性，性能明显强于 ABS。

1998 年澳大利亚的斯威本科技大学推出了一种金属—塑料复合材料丝，是将铁粉混合到尼龙 P301 中，然后添加增塑剂和表面活性剂制成的。这种材料可用 FDM 工艺直接快速制模。1998年美国弗吉尼亚理工学院研究了用于FDM的热致液晶聚合物（TLCP）纤维，其拉伸模量和强度大约是ABS的4倍。

Stratasys公司于1992年开发出剥离性支撑材料。该支撑材料可很容易地从成型零件上剥离，成型零件的外形也不会因支撑的剥离而损伤。1999年该公司开发出水溶性支撑材料（丙烯酸酯共聚物）。因为可通过超声波清洗器或碱水（浓缩洗衣粉）等部分溶解，该支撑材料特别适合制造空心及微细特征零件，并解决了手工不易拆除支撑，或因特征太脆弱而拆破的问题，更可增加支撑接触面的光洁度。这对于成型由多个元件组成的组件十分有利。

国内研究FDM材料的单位也在逐渐增多。北京航空航天大学对短切玻璃纤维增强ABS复合材料进行了一系列的改性研究。通过加入短切玻纤，能提高ABS的强度、硬度且显著降低ABS的收缩率，减小制品的形变；但同时材料也会变脆。加入适量增韧剂和增容剂后，能较大幅度提高复合材料丝的韧性及力学性能，从而使制备出的短切玻璃纤维增强复合材料适合于FDM工艺。北京太尔时代公司通过和国内外知名的化工产品供应商合作，于2005年正式推出高性能FDM成型材料ABS 04。该材料具有变形小、韧性好的特点，非常适于装配测试，可直接拉丝。该材料性能和美国Stratasys公司的ABS P400成型材料性能相近，可以替代进口材料，降低用户的使用成本。目前，国内一些单位研发和生产的FDM材料已呈现多品种、多功能、普及化和实用化的态势。

三、FDM支撑材料

FDM工艺对支撑材料的要求是能够承受一定的高温、与成型材料不浸润、具有水溶性或者酸溶性、具有较低的熔融温度、流动性要特别好等，具体要求如下。

（1）能承受一定高温。由于FDM工艺挤出的丝比较细，在空气中会快速冷却，支撑材料能承受100℃的温度即可。

（2）与成型材料不浸润。支撑材料是加工中的辅助手段，在加工完毕后必须去除，与成型材料的亲和性不应太好。

（3）具有水溶性或者酸溶性。成型具有很复杂的内腔、孔等，为了便于后处理，最好是支撑材料在某种液体里可以溶解并且不能产生污染或难闻气味。

（4）熔融温度较低。具有较低的熔融温度可以使材料在较低的温度挤出，提高喷头的使用寿命。

（5）流动性好。由于支撑材料的成型精度要求不高，为了提高机器的扫描速度，要求支撑材料具有很好的流动性。

第五节　3DP 工艺成型材料

3DP 成型材料主要有塑料粉末、金属粉末、石膏粉末、淀粉粉末等，此外还包括各种填充和复合材料、陶瓷及陶瓷金属的混合物和其他新型材料等。

一、陶瓷粉料

3DP 工艺常用的材料包括陶瓷、金属、塑料的粉体，其关键技术是配制合乎要求的黏结剂。

陶瓷喷墨打印质量取决于陶瓷墨水的性能。由于陶瓷粉料密度较大，纳米级陶瓷粉又容易形成团聚体，因而陶瓷墨水一般由陶瓷微粉、分散剂、结合剂、溶剂及其他辅料构成。陶瓷微粉的粒度要小于 1μm，颗粒尺寸分布要窄，颗粒之间不能有强团聚。分散剂能帮助陶瓷微粉均匀地分布在溶剂中，并保证在喷打之前微粒不发生团聚。分散性差的墨水因陶瓷微粒在墨滴中分散不均匀会阻塞打印机的喷嘴。因此，分散剂的合理选择及用量是十分关键的。分散剂主要是一些水溶性和油溶性高分子类、苯甲酸及其衍生物、聚丙烯酸及其共聚物等。结合剂是溶剂挥发后，保障打出的陶瓷坯体具有足够的结合强度，便于坯体的转移操作。

溶剂是把陶瓷微粒从打印机输送到基板上的载体，同时又控制着干燥时间。它要有足够挥发性保证快速干燥，为多层沉积提供条件；同时，也应该是低黏度并且与其他成分之间有相容性。用于连续喷射打印的陶瓷墨水，还需加入少量导电盐使墨水达到足够的电导率，保证形成的墨滴能够带电，在偏转电场作用下能够改变路径，打印到计算机指定的位置。

目前办公室用的普通喷墨打印机中的墨水制备方法有两种：一种是把陶瓷微粉与溶剂、分散剂等成分混合，采用球磨和超声波处理打开陶瓷微粉的初始团聚；另一种是用 Sol-Gel 法制备墨水。其实，任何一种制备陶瓷超细粉的方法均可以用于制备 3DP 工艺中的陶瓷墨水。

二、石膏粉末

石膏是以硫酸钙为主要成分的气硬性胶凝材料，由于石膏胶凝材料及其制品有许多优良性质，原料来源丰富，生产能耗低，因而被广泛地应用于土木建筑工程领域。

石膏的微膨胀性使得石膏制品表面光滑饱满，颜色洁白，质地细腻，具有良好的装饰性和加工性，是用来制作雕塑的绝佳材料。石膏材料相对其他材料而言有着诸多优势。其特点在于：

（1）精细的颗粒粉末，颗粒直径易于调整。

（2）价格相对低，性价比高。

（3）安全环保，无毒无害。

（4）沙粒感、颗粒状的模型表面。

（5）材料本身为白色，打印模型可实现彩色。

（6）唯一支持全彩色打印的材料。

第四章　3D 建模理论基础

第一节 3D 模型设计

3D 模型设计是使用计算机软件创建三维对象或场景的过程。它广泛应用于工业设计、建筑、动画制作、游戏开发和医学等多个领域。下面将以一个简单的概述来介绍 3D 模型设计的基本概念和流程。

一、三维模型的基本概念

三维坐标系统：3D 模型设计使用三维坐标系统来表示物体在空间中的位置。通常通过 X、Y 和 Z 轴的组合来确定一个点的位置。

网格：在 3D 设计中，模型通常由一系列相连的顶点、边和面构成的网格来表示。这些网格形成了模型的几何形状和结构。

材质和纹理：材质决定了模型表面的外观属性，如颜色、光滑度和反射率等。纹理是将图像应用到模型表面上，以实现更加真实的外观效果。

动画和骨骼：在某些情况下，3D 模型可以具有动画效果。通过给模型添加骨骼和关节，并控制骨骼的运动，可以实现模型的动画效果。

以下是一些常见的 3D 模型设计软件：

（1）Blender。Blender 是一款免费且功能强大的开源三维建模、动画和渲染软件。它适用于从静态模型到复杂动画的各种设计需求，并具有可编程的节点编辑器和 Python 脚本支持。

（2）Autodesk Maya。Autodesk Maya 是一款广泛使用的专业三维建模、动画和渲染软件，被广泛应用于电影、电视和游戏等领域。它提供了强大的建模、动画、渲染和效果制作工具。

（3）SketchUp。SketchUp 是一款易于学习和使用的三维建模软件，适合运用于简单的建筑和产品设计。它具有直观的用户界面和丰富的插件库，可以快速创建基本形状和模型。

（4）AutoCAD。AutoCAD 是行业标准的 2D 和 3D CAD 软件，广泛用于工程、建筑和制造等领域。它提供了强大的建模、绘图和分析工具，适用于复杂的设计和工程项目。

（5）SolidWorks。SolidWorks 是一款专业的三维机械设计软件，广泛应用于工业设计和制造领域。它提供了全面的建模、组装和仿真工具，以及集成的绘图和文档生成功能。

（6）3ds Max。3ds Max 是一款专业的三维建模、动画和渲染软件，广泛用于电影、电视、游戏和可视化等领域。它具有强大的建模、动画和渲染工具，支持高质量的渲染和特效制作。

（7）ZBrush。ZBrush 是一款数字雕刻和绘画软件，主要用于艺术设计和角色建模。它提供了先进的雕刻和纹理绘制工具，能够创建高度详细和逼真的模型。

这些软件都具有不同的特点和应用领域，选择适合你需求和技能水平的软件来进行 3D 模型设计非常重要。

二、3D 模型设计的流程

确定设计目标：在开始设计之前，明确设计的目标和要求非常重要。这包括确定所需的模型类型、尺寸和功能等。

（1）概念设计。通过手绘草图或使用 CAD 软件进行初步设计概念的制作。这个阶段可以帮助你形成对模型外观和结构的初步想法。

（2）3D 建模。使用专业的三维建模软件创建模型的几何形状和结构。这涉及绘制基本形状、修改网格以及添加细节和纹理等操作。

（3）材质和贴图。选择合适的材质属性，并为模型表面添加纹理或贴图。这可以提供更加逼真和吸引人的效果。

（4）动画和渲染。如果需要，可以为模型添加动画效果并进行渲染。动画可以使模型活灵活现，而渲染可以产生高质量的视觉效果。

（5）优化和修复。检查模型的几何形状和拓扑，并进行必要的修复和优化。这包括修复不规则面、消除重叠部分或奇点等问题，以确保模型能够正确地显示和导出。

（6）导出和输出。将设计好的模型导出为适用于不同应用程序或平台的常见文件格式，如 STL（用于 3D 打印）、OBJ（用于游戏开发）或 FBX（用于动画制作）等。

三、3D 建模构建过程

3D 模型的构建主要有三种：

（1）人工软件构建 3D 模型。此种方式要求操作人员要具有丰富的专业知识，能熟练使用建模软件。而且操作复杂，周期较长，同时最终构件的 3D 模型真实感不强。

（2）三维扫描仪构建 3D 模型。此种方式需要价格昂贵的三维扫描仪等硬件设备。并且，三维扫描仪现今只能获得物体的位置信息，对于物体表面的纹理特征多数仍然需要辅助大量的手工工作才能完成。整个过程成本高，周期长。

（3）基于图像构建 3D 模型。此种方式只需要提供一组物体不同角度的序列照片，在计算机辅助下即可自动生成物体的 3D 模型。操作简单，自动化程度高，成本低，真实感强。

3D 模型的展示，不仅可以使用户更为清晰、直观地浏览广告内容；同时，3D 模型可以根据要求制作用户能直观参与的内容，其广告效果可想而知。从此，广告不仅仅是内容的播放者，也是用户的参与者，用户可浏览，可互动，根据内容选择是否前往，结束了令人厌烦地点击到达的传统模式，有效地提高了广告的转化率。3D 模型的广泛采用，将为网络广告行业带来新的格局。

第二节　草图设计

3D 建模草图设计是指在进行实际的三维建模之前，通过手绘或使用绘图软件创建二维草图来规划和构思模型的外观、形状和结构。它是一个初始阶段的概念设计过程，用于将想法转化为可视化的表达，以便设计者更好地理解和沟通设计意图。

在 3D 建模草图设计中，设计者可以使用纸和铅笔、绘图板、绘图软件等工具来创作草图。设计草图的目的是提供一个初步的设计框架，帮助设计者探索不同的设计方案，并确定模型的整体形状、比例和特征。

一、草图设计的内容

草图设计可以包括以下内容：

（1）模型的基本几何形状：通过简单的线条或几何形状（如方块、球体、圆柱体等）勾勒出模型的基本形状和体积。

（2）视角和透视：通过选择合适的视角和透视，呈现模型的空间感和外观效果，让设计者能够更好地观察和理解模型的各个部分。

（3）细节和注释：添加细节和注释，如标记箭头表示活动部件的运动方向，或添加文字描述设计的特定要求，以便更清晰地传达设计意图。

（4）比例和尺寸：草图中可以注明模型的大小、高度、宽度和比例等信息，确保模型符合项目需求和设计目标。

通过进行 3D 建模草图设计，设计者能够在正式开始实际的三维建模之前，对模型的外观和结构进行初步规划和验证。这有助于提前发现潜在问题，改进设计方案，并为后续的 3D 建模工作奠定基础。

二、确定草图设计目标时应该考虑的因素

确定设计目标是进行 3D 建模草图设计的重要第一步。以下是在确定设计目标时应考虑的一些关键因素：

（1）项目需求：了解项目的具体需求和约束条件，包括模型的用途、功能、尺寸、材质等。确保设计者清楚理解项目的目标，并能够将其反映在草图设计中。

（2）目标受众：确定目标受众是谁，可能是客户、团队成员或其他利益相关者。了解他们的偏好和期望，以便在草图设计中满足他们的需求。

（3）风格与美学：确定所需的风格和美学要求。根据项目的定位和目标，选择合适的设计风格，如现代、传统、简约等。考虑颜色、质感和比例等方面，确保草图设计符合所需的外观效果。

（4）功能和可用性：如果模型需要具备特定的功能或实用性，就需要确保设计目标充分考虑这些因素。思考模型的使用方式和用户体验，以便在草图设计中能够准确表达出来。

（5）创新和差异化：如果项目要求创新或差异化的设计，就要确保设计目标有助于实现这些要求。寻找独特的设计元素和创意的解决方案，让草图设计脱颖而出。

（6）可行性和制作成本：在确定设计目标时，考虑制造或实现过程中可能涉及的可行性和成本因素。确保草图设计在技术和生产方面是可行的，并能够控制制作成本。

三、草图设计初步构思

在进行 3D 建模草图设计之前，初步构思和研究是非常重要的。以下是一些关于初步构思和研究的指导：

（1）理解项目需求：仔细阅读和理解项目的需求和约束条件。了解模型的用途、功能、尺寸、材质等。与客户、团队成员或其他利益相关者沟通，明确他们的期望和偏好。

（2）做足准备工作：进行必要的背景研究，了解与项目主题相关的领域、行业和潮流。收集灵感和参考资料，查找相关领域的现有产品、艺术作品或设计概念，以及与项

目相关的图片、照片、素材和样本等。

（3）创意探索：开展创意探索的过程，尝试不同的设计方案和概念。借助手绘草图、素描、构思板（mood board）或数字绘图软件等，表达你的想法并记录下来。这个阶段可以自由发挥，不受限制地探索各种可能性。

（4）概念筛选：从多个设计方案中选择最有潜力的几个。评估每个方案的可行性、创新性和与项目目标的契合度。考虑到项目需求和约束条件，选择那些能够最好地满足要求的设计方案。

（5）美学和风格研究：如果项目有特定的美学和风格要求，就需要进行更深入的研究，探索相关的艺术风格、设计趋势和颜色理论等，以确保草图设计能够准确表达所需的外观效果，并与项目的整体视觉语言一致。

（6）交流和反馈：与团队成员、客户或其他相关人员分享你的初步构思和研究成果。主动寻求他们的反馈和建议，以便在设计方向上进行修正和改进。这个过程可以帮助你更好地理解项目需求和期望，并从不同的角度获得有价值的意见。

四、草图细化设计

细化设计是将初步草图逐步完善和详细化的过程，为后续的3D建模提供准确的设计指导。以下是一些进行3D建模草图的细化设计的建议。

（1）线条和轮廓：在初步草图的基础上，通过加粗、加深或细化线条来强调模型的轮廓和形状。确保线条的曲线和角度与想要表达的设计意图一致。

（2）比例和尺寸：根据项目需求和实际尺寸要求，准确确定模型各个部分的比例和尺寸。使用标尺或测量工具来确保草图中的尺寸准确无误。

（3）细节和特征：逐渐添加更多的细节和特征，如面板、纹理、曲线等。注重突出模型的关键特点，并使其更加真实和有吸引力。考虑到模型的功能和使用场景，确保细节的可行性和实用性。

（4）透视和视角：仔细选择合适的透视和视角，以便更好地展示模型的外观和结构。根据需要调整透视和视角的比例和角度，以准确传达设计意图。

（5）渲染和光影效果：如果有必要，在草图中添加简单的渲染和光影效果，以更好地呈现模型的材质和表面质感。这可以帮助你获取更真实的外观效果，并更好地了解模型在实际环境中的表现。

（6）标注和文档：为了更清晰地传达设计意图，需要添加标注和文档，说明各个部分的功能、尺寸或其他相关信息。这将有助于在后续的 3D 建模过程中准确理解和应用这些细节。

（7）反馈和改进：与团队成员、客户或其他相关人员分享细化设计的草图，并主动寻求他们的反馈和建议。接受并利用反馈，根据需要进行调整和改进。这样可以确保设计在满足需求的同时也符合利益相关者的期望。

五、草图设计的改进

在进行 3D 建模草图设计时，反馈和改进非常重要，其可以帮助不断提高设计质量并满足利益相关者的期望。以下是一些关于反馈和改进的指导。

（1）寻求多方反馈：与团队成员、客户或其他相关人员分享你的草图设计，并主动寻求他们的意见和建议。确保收集来自不同角度和专业领域的反馈，以便获得全面而有价值的观点。

（2）聆听和理解反馈：仔细聆听反馈，并尽量深入了解其背后的意图和需求。积极向反馈提供者提问，以澄清他们的意见和期望。确保你对反馈有一个准确的理解，以便能够有针对性地进行改进。

（3）分析和评估：对接收到的反馈进行分析和评估，以确定哪些方面需要改进或调整。注意捕捉出现的模式和共同点，并考虑如何将其应用于设计中。

（4）优先级和权衡：根据反馈的重要性和紧迫性，确定改进的优先级。同时要权衡反馈与项目目标和约束条件之间的一致性，保持设计的整体一致性和可行性。

（5）迭代和改进：根据反馈进行适当的调整和改进。进行多次迭代，不断优化设计，直到满足利益相关者的期望。在每个迭代中，与团队或客户进行沟通，确保他们对改进的方向有共识。

（6）技术实现和可行性：在进行改进时，始终考虑技术实现的可行性和约束条件。确保改进后的设计在技术上是可执行的，并能够在实际生产中得到有效实现。

（7）再次验证和确认：在完成改进后，再次与利益相关者进行沟通，确认他们对设计的满意度。确保最终的草图设计能够准确地表达他们的需求和期望。

第三节　零件设计

3D 建模零件设计是指使用计算机辅助设计软件（CAD）创建、编辑和优化三维模型的过程。在制造和工程领域，零件设计通常用于创建产品的组成部分或单个部件。这些部件可以是机械设备中的零件、汽车的零件、电子产品的零件等。在 3D 建模零件设计中，设计师通过绘制、建模和修改几何形状来创造所需的零件。他们使用 CAD 软件中的绘图工具、参数化建模功能和其他特性，以便精确地定义零件的尺寸、形状和特征。

3D 建模零件设计的主要目标是创建一个具有预期功能和外观的完整设计。设计师需要考虑诸如结构强度、装配性能、材料选择、制造工艺等因素，并保持与其他零件或整体产品之间的兼容性。通过 3D 建模零件设计，设计师可以更好地可视化和理解零件的外观和功能，进行快速原型制作、可视化呈现和设计验证。这样可以提高设计效率、减少错误和返工，并为后续的制造和生产提供准确的数据和规范。

一、零件设计的需求分析

在进行 3D 建模零件设计之前，需求分析是一个关键的步骤。需求分析可以明确零件的功能、尺寸、材料和其他特定要求。以下是在需求分析阶段应考虑的一些重要因素。

（1）功能需求：确定零件需要实现的功能。这可能包括承载重量、传输力量、连接或支撑其他部件等方面的功能要求。了解这些功能需求将指导你设计零件的形状、结构和特征。

（2）尺寸和几何要求：确定零件的尺寸范围和几何限制。这包括长度、宽度、高度、直径、角度等方面的要求。要确保零件的尺寸与整体产品或装配的相容性。

（3）环境条件：了解零件将在哪种环境条件下工作。考虑温度、湿度、腐蚀性、振动等因素对零件设计的影响。根据环境要求选择合适的材料和涂层。

（4）材料选择：根据零件的用途和环境要求，选择适当的材料。考虑强度、耐久性、可加工性、成本等因素。不同材料会对零件的性能和制造工艺产生影响。

（5）制造和装配要求：了解零件的制造和装配要求。要考虑到加工工艺、材料可获得性和成本等因素。确保零件的设计可以在实际制造和装配过程中实现。

（6）标准和规范：根据所处行业或应用领域的标准和规范，确定零件设计需要遵循的要求。这可能包括尺寸公差、表面粗糙度、强度要求等方面的规定。

（7）成本限制：考虑预算和成本限制，确保设计在经济上可行。选择适当的设计方法和材料，以最大程度地降低制造和装配成本。

（8）可维护性和维修性：考虑到零件的维护和维修需求。确保设计容易访问和更换关键部件，以减少维修时间和成本。

通过仔细分析和明确这些需求，可以制定出具体的设计目标和指导原则，从而开展后续的 3D 建模零件设计工作。

二、零件设计的准备工作

在进行 3D 建模零件设计之前，需要进行一些准备工作，以确保顺利开始建模过程。以下是一些建模准备的关键步骤。

（1）选择 CAD 软件：根据设计师需求和经验水平，选择合适的计算机辅助设计（CAD）软件。常见的 CAD 软件包括 SolidWorks、AutoCAD、Fusion 360 等。确保你熟悉所选软件的界面和功能。

（2）配置工作环境：设置 CAD 软件的工作环境和参数。这包括选择适当的单位制度（如毫米、英寸）、坐标轴方向（如右手坐标系或左手坐标系）等，确保与团队或项目要求保持一致。

（3）学习软件基础知识：熟悉所选 CAD 软件的基本操作和功能。了解如何创建基本几何形状、编辑对象、应用约束和参数化建模等。掌握这些基础知识将使设计师能够更高效地进行建模。

（4）绘图准备：在开始建模之前，准备所需的绘图和参考资料。这可能包括手绘草图、技术图纸、产品规范等。清晰的绘图和参考资料能帮助设计师准确地转换 3D 模型。

（5）学习建模技巧：掌握一些常用的建模技巧和快捷键，以提高建模效率。这包括使用对称性、复制和镜像操作、图案特征等方法来快速创建几何形状。

（6）探索资源库和插件：CAD 软件通常提供丰富的资源库和插件，可以扩展其功能和材料库。探索并了解如何使用这些资源，以便在设计过程中更好地应用它们。

（7）设定保存和备份策略：建立合适的保存和备份策略，以确保你的工作不会丢失或遭受损坏。定期保存文件，并在需要时创建备份副本，以防止数据丢失。

通过进行良好的建模准备工作，设计师将能够更加专注和高效地进行 3D 建模零件设计，确保设计的准确性和质量。

三、零件设计绘制的基本形状

在进行 3D 建模零件设计时，开始阶段通常涉及绘制基本形状作为起点。以下是一些常见的方法和工具用于绘制基本形状。

（1）线段和直线：使用 CAD 软件中的绘图工具（如直线工具）创建简单的线段和直线。这可以用于创建零件的基本轮廓或边界。

（2）圆和圆弧：使用 CAD 软件中的圆工具或圆弧工具创建圆形和圆弧。通过确定半径或直径来定义圆的尺寸，同时可以选择弧度值来创建圆弧。

（3）矩形和多边形：使用 CAD 软件中的矩形工具或多边形工具创建矩形和多边形形状。通过定义边长或角度来规定形状的大小和形态。

（4）曲线和样条曲线：对于更复杂的形状，可以使用 CAD 软件中的曲线工具或样条曲线工具来绘制平滑的曲线。这些工具允许用户根据需要调整曲线的控制点或节点。

（5）平面和截面：通过在适当的位置创建平面或截面，可以定义零件的特定部分。这些平面或截面可以用作后续操作的基础，如拉伸、旋转或扫描。

（6）对称性和镜像：对称性是创建基本形状的有效方法之一。通过使用 CAD 软件中的对称性工具或操作，可以快速地在指定位置创建对称形状。类似地，镜像操作也可以在给定平面上创建零件的镜像副本。

（7）参数化设计：为了提高灵活性和可调性，需考虑使用参数化建模功能。这使得用户可以定义尺寸和形状的参数，并轻松地修改它们，以满足不同的需求。

四、零件设计的几何建模

在进行 3D 建模零件设计时，几何建模是一个重要的步骤，它涉及使用 CAD 软件中的建模工具来创建更复杂的几何形状。以下是一些常见的几何建模方法：

（1）拉伸：通过选择一个或多个轮廓并沿特定方向拉伸，从而将二维形状转化为三维实体。这可以用于创建柱体、盒子等直线形状。

（2）旋转：选择一个轮廓，并指定旋转轴，然后在平面上旋转该轮廓以生成旋转体。这可以用于创建圆柱、圆锥等旋转对称形状。

（3）扫描：选择一个轮廓作为扫描路径，并选择另一个轮廓作为截面，然后沿着路径扫描截面以创建复杂的形状。这适用于创建螺旋形状、管道等。

（4）倒角和填充：通过添加倒角或填充来改变边缘的形状。倒角将两个边相交的角部分删除，填充则使边缘变得更平滑。这可以用于改善零件的外观和减少棱角。

（5）分割和切除：通过绘制分割线或指定切割面，将零件分割成更小的部分。这可以用于创建复杂的几何形状或在特定位置裁剪零件。

（6）融合和合并：将多个实体或几何形状融合在一起，以创建组合形状。这适用于装配设计或将多个部件合并为一个整体。

（7）孔洞和凹槽：使用挖孔工具或凹槽工具，在零件中添加孔洞或凹槽。这通常需要指定孔的尺寸、位置和方向。

（8）偏移和投影：通过偏移边缘或投影曲线，创建新的几何形状。这可以用于生成补充部件或在零件上创建附加特征。

（9）网格和曲面建模：对于复杂的形状，可以使用网格建模或曲面建模技术来创建平滑的曲面。这涉及定义控制点、调整曲线和曲面的形状。

以上是一些常见的几何建模方法，你可以根据零件的需求和设计目标选择适当的方法和工具。灵活运用这些建模技术，可以创建出复杂且精确的 3D 几何形状。

五、零件的参数化设计

3D 建模是使用计算机软件创建三维模型的过程，零件设计是指在制造过程中对物体具体部分的设计。参数化设计是一种可以通过调整参数值来改变模型形状和尺寸的设计方法。

在进行零件的参数化设计时，以下是一些常见的设计参数。

（1）尺寸参数：这些参数定义了零件的长度、宽度、高度和其他关键尺寸。通过调整这些参数值，可以改变零件的整体尺寸。

（2）几何特征参数：这些参数包括孔径、倾斜角度、圆角半径等几何特征的数值。这些参数的调整可以影响零件的形状和外观。

（3）材料参数：选择适当的材料对于零件的功能和性能至关重要。通过定义材料参数，可以根据需求改变零件的材料属性，如强度、刚度或导热性能。

（4）装配参数：如果设计的零件将用于组装更大的装配体，那么定义装配参数是必要的。这些参数可以控制零件在装配过程中的位置、相对方向和连接方式。

（5）表面特性参数：这些参数用于定义零件表面的纹理、涂层、装饰等特性。通过调整这些参数，可以改变零件的外观和质感。

通过合理地设置这些参数，并使用适当的 CAD 软件，可以实现快速、灵活和可重复使用的零件设计。参数化设计使得设计过程更加灵活，能够在不重新绘制整个模型的情况下进行修改和优化。

六、零件设计细节和特征添加

在进行 3D 建模零件设计时，以下一些常见的细节和特征，可以考虑添加到设计中。

（1）几何特征：可以添加孔、凸起、凹槽、棱角、倒角和圆角等几何特征，以增加零件的功能和外观。这些特征可以通过 CAD 软件的绘图工具来创建。

（2）螺纹和螺栓孔：如果零件需要与其他零件进行组装，添加螺纹和螺栓孔是必要的。确保选择适当的螺纹类型和尺寸，以满足设计要求。

（3）表面纹理和图案：通过添加表面纹理和图案，可以增加零件的视觉吸引力和质感。可以考虑使用纹理、花纹、刻痕或标记等方式来实现。

（4）标识和标记：在零件上添加标识和标记可以提供更多的信息，如部件编号、制造商标志、规格参数等。这有助于对零件进行识别和追踪。

（5）细节修饰：通过添加细微的曲线、曲面、边缘倒角或倾斜等细节修饰，可以使零件看起来更加精细和专业。

（6）模具设计考虑：如果零件需要进行注塑成型或其他形式的加工，需要考虑模具设计方面的要求。这包括分模线、脱模角度和模具间隙等。

（7）功能增强特征：根据零件的功能和用途，可以添加一些特殊的功能性特征，如导向槽、卡口、切割边缘等。

（8）材料选择和表面处理：根据零件的材料属性和使用环境，选择适当的材料，并考虑是否需要进行特殊的表面处理，如涂层、镀层或热处理。

在设计过程中，要考虑功能、生产要求、装配需求和制造可行性等因素，以确保设计的零件满足预期的功能和性能要求。

七、零件设计的材质和材料选择

在 3D 建模零件设计中，选择适当的材质是非常重要的，因为它直接影响到零件的性能、强度、可制造性和外观。以下是一些常见的材质和材料选择考虑因素。

（1）金属材料：金属材料在许多零件设计中被广泛使用，因为它们通常具有较高的强度和耐久性。常见的金属材料包括钢、铝、铜、不锈钢、镁和钛等。

（2）塑料材料：塑料材料通常用于制造轻量化、绝缘性能良好的零件。根据需要，可以选择聚丙烯、聚氯乙烯（PVC）、聚苯乙烯（PS）、聚碳酸酯（PC）、尼龙和聚酰胺等不同种类的塑料。

（3）复合材料：复合材料由两种或更多种类型的材料组合而成，具有优异的强度、刚度和轻量化特性。常见的复合材料包括碳纤维增强复合材料、玻璃纤维增强复合材料和芳纶纤维增强复合材料等。

（4）弹性材料：某些零件需要具有弹性特性，例如，橡胶和硅胶等弹性材料广泛用于密封、减震和防护等应用。

（5）热塑性材料和热固性材料：热塑性材料可以被加热后重新塑形，如聚丙烯和聚氨酯等；而热固性材料经过加热后会发生化学交联，无法再次熔化，如环氧树脂和酚醛树脂等。

（6）材料的物理特性和化学特性：根据零件的使用环境和要求，考虑材料的导热性、耐腐蚀性、电导率、透明度、耐磨性等特性。

（7）制造可行性和成本：在选择材料时，还需要考虑其制造可行性和成本。某些材料可能需要特殊的加工工艺或设备，而且价格也可能较高。

总体来说，材料的选择应该基于设计目标、功能需求、制造和装配要求、预算以及材料的可获得性。通过对不同材料的了解和评估，以及与制造商、供应商和工程师的合作，可以做出正确的材料选择，以满足零件设计的要求。

八、零件设计的静态和动态分析

在 3D 建模零件设计中，进行静态和动态分析是确保设计的合理性和可靠性的重要步骤。

（1）静态分析：静态分析主要关注零件在静止状态下的力学行为。通过应用力学原理和有限元分析等方法，可以评估零件的强度、刚度和变形情况。静态分析可以帮助确定零件是否能够承受预期的载荷，并优化材料选择、几何设计和结构支撑等方面。

（2）动态分析：动态分析主要关注零件在振动、冲击或周期性载荷作用下的响应和行为。通过模拟零件的振动频率、模态分析和疲劳寿命等，可以评估零件的自然频率、共振情况和疲劳强度。这有助于避免零件的过度振动或疲劳破坏。

（3）应力分析：应力分析用于确定零件在加载时的内部应力分布情况。通过应用力学原理和数值方法，可以计算出零件各个位置的应力水平。这有助于识别潜在的高应力区域，并进行材料选择、结构优化和强度验证。

（4）变形和位移分析：变形和位移分析用于描述零件在加载时的形状变化和位置移动。通过模拟和分析零件的变形和位移情况，可以评估设计的合适性、装配需求和制造可行性。

（5）疲劳分析：对于需要经受循环载荷的零件，疲劳分析是必要的。它可以预测零件在长期使用中可能出现的疲劳失效，并帮助优化设计以提高疲劳寿命。

这些分析技术可以使用专业的 CAE（Computer Aided Engineering，计算机辅助工程）软件进行模拟和计算。通过结合理论分析、数值方法和实验验证，可以获得全面的静态和动态行为分析结果，以指导零件设计的优化和改进。

九、零件设计的实施工艺和制造

在 3D 建模零件设计的实施过程中，制造工艺起着至关重要的作用，它决定了设计是否可以成功地转化为实际的产品。以下是一些常见的实施工艺和制造考虑因素。

（1）制造可行性分析：在设计过程中，进行制造可行性分析是必要的。这包括评估制造工艺和设备、几何特征的可加工性、材料选择对于加工性能的影响等。通过分析制造可行性，可以及早发现并解决潜在的制造难题。

（2）加工方式选择：根据零件的几何形状、材料属性和数量要求，选择合适的加工方式。常见的加工方式包括数控铣削、车削、钻孔、冲压、注塑成型、铸造等。确保选用适当的加工方式以满足质量要求和生产效率。

（3）工艺规划和顺序：制定详细的工艺规划和生产顺序是确保零件制造过程顺利进行的关键。要确定每个步骤的工艺参数、工具选择、加工顺序和检测点等，合理安排工艺流程以最大限度地提高效率和质量。

（4）模具和夹具设计：如果需要进行注塑成型、铸造或其他特殊加工过程，就需要设计相应的模具和夹具。这些模具和夹具对于制造零件的精度和一致性非常重要。

（5）表面处理和涂装：根据零件的需求，选择适当的表面处理方式，如研磨、喷砂、阳极氧化、镀层等。此外，还可以考虑在零件上进行涂装、丝印或激光刻字等额外的装饰处理。

（6）质量控制和检验：在制造过程中，实施严格的质量控制和检验是确保零件符合规格要求的关键。通过使用合适的测量工具、检查设备和标准化程序来检查零件尺寸、形状、表面质量和功能特性。

（7）成本控制：在制造过程中，要考虑成本控制因素，如材料成本、加工费用、工时、人力资源和设备投资等。要优化设计和制造流程，以确保在成本范围内满足质量和时间要求。

综上所述，3D 建模零件设计的实施工艺和制造涉及多个方面，包括制造可行性分析、合适的加工方式选择、工艺规划和顺序、模具和夹具设计、表面处理和涂装、质量控制和成本控制等。通过综合考虑这些因素，可以确保零件设计与实际制造相一致，并达到预期的质量标准和效果。

十、零件设计的文档和交付

在 3D 建模零件设计的过程中，创建适当的文档和交付物是非常重要的，这样可以确保设计的准确性、可追溯性和有效沟通。以下是一些常见的文档和交付考虑因素。

（1）设计规范：设计规范是指根据需求和标准确定的设计要求和限制。它应包括关于尺寸、材料、公差、装配要求等方面的详细说明。设计规范对于确保设计与预期目标一致非常重要，同时也为后续制造、测试和验证提供了依据。

（2）3D 模型文件：3D 模型文件是设计的核心文档，它包含了零件的几何形状、尺寸和特征。常见的 3D 模型文件格式包括 STL、STEP、IGES 和 CAD 软件专用格式（如 SolidWorks、CATIA、NX 等）。要确保 3D 模型文件正确保存、命名和版本控制，以便于共享和后续修改。

（3）2D 工程图纸：2D 工程图纸是基于 3D 模型文件生成的平面视图，它包含了具体的尺寸、公差和其他技术要求。工程图纸用于传达设计意图给制造商和其他相关人员，并作为制造零件的依据。要确保工程图纸准确、规范，并符合相应的标准和规定。

（4）BOM（Bill of Materials）：BOM 是一份清单，列出了制造零件所需的所有材料和组件。它包括每个零件的描述、数量、材料编号和供应商信息等。BOM 对于采购、库存管理和物料配送非常重要。

（5）报告和分析结果：根据设计过程中进行的各种分析（如静态分析、动态分析、疲劳分析等），生成相应的报告和分析结果。这些报告可以包括设计验证、性能评估、材料选择和优化建议等，以支持决策和改进。

（6）管理文档和变更记录：在整个设计过程中，要确保管理好所有相关的文档和变更记录。使用适当的版本控制和文件管理系统，跟踪和记录任何修改、修订和更新。这有助于确保设计的追溯性和可靠性，并方便日后的维护和改进。

(7) 交付物归档和备份：完成设计后，将所有关键的文档和交付物进行归档和备份。这样可以确保设计数据的安全性和可用性，为将来的参考和再利用提供保障。

综上所述，3D 建模零件设计的文档和交付物包括设计规范、3D 模型文件、2D 工程图纸、BOM、报告和分析结果等。通过准确、规范和完整地创建和管理这些文档，可以确保设计的清晰传达、追溯性和有效沟通。

第四节　曲面设计

3D 建模曲面设计是指使用计算机软件和工具将物体或零件的曲面形状进行三维建模的过程。在这种设计中，主要关注的是通过创建、编辑和调整曲面来精确地捕捉物体的外部形状和特征。

曲面设计通常应用于需要光滑、流线型或有复杂几何形状的物体。它在许多领域都有广泛的应用，如汽车设计、航空航天工程、产品设计、工业设计等。通过 3D 建模曲面设计，设计师可以按照要求创造出精确、美观且功能性强的曲面形状。

在曲面建模过程中，设计师使用专业的 3D 建模软件来绘制和编辑曲线和曲面。常见的曲面建模方法包括：

（1）NURBS（非均匀有理 B 样条）：这是一种基于数学曲线的建模技术，它可以生成光滑、精确的曲面。

（2）Subdivision Surface（细分曲面）：这是一种基于多边形网格的建模技术，通过细分和平滑操作来创建曲面。

（3）曲面造型：这是一种手动调整控制点和边界条件的方法，可以创建所需的曲面形状。

通过使用这些技术，设计师可以控制曲面的几何形状、光滑度、连续性和其他特征。

设计师可以通过调整曲线的弯曲度、缩放、旋转和变形来达到所需的外观和功能要求。此外，曲面设计还涉及材料属性、装配关系和制造可行性等方面的考虑。

一、曲面设计概念

（一）初始概念与形状草图

在进行 3D 建模曲面设计之前，首先需要进行初始概念和形状草图的阶段。这个阶段旨在捕捉设计师的想法和创意，并将其转化为初步的设计方向。下面是一些关于 3D 建模曲面设计的初始概念和形状草图的考虑。

（1）确定项目需求：了解设计的目标和要求是非常重要的。这包括对物体功能、尺寸要求、美学需求和其他特殊要求的明确理解。以此为基础来确定设计的整体方向。

（2）初步研究和灵感：通过研究相关领域的产品、艺术品、自然界等，收集灵感和参考。这可以通过查找图像、阅读文献、参观展览或观察不同对象来实现。

（3）手绘草图：使用纸和铅笔或数位板，进行手绘草图。这些草图可以是简单的线条、轮廓或草图表达，用于捕捉初步的设计构思和形状。在这个阶段，关注的是整体比例、形态和大致的曲线流动。

（4）形状迭代和变体：根据初始草图，尝试多种形状迭代和变体。这可以通过添加、删除、调整曲线和形状的位置来实现。探索不同的设计可能性，包括曲率、起伏、扭转等，以获得更多的创意选择。

（5）考虑功能和约束：在设计草图时，要考虑所设计物体的功能需求和制造约束。要确保所提出的形状和曲线能够满足预期的功能要求，并且容易制造或生产。

（6）三维化概念：根据手绘草图，将选定的概念转化为三维模型。使用专业的 3D 建模软件，根据手绘草图中的线条和轮廓，创建初步的三维几何模型。这可以是基本的几何体或简单的曲面模型。

（二）设计灵感和参考资料

在进行 3D 建模曲面设计时，寻找设计灵感和参考资料是非常重要的，这可以帮助设计师获得创意和启发，同时了解当前的设计趋势和技术发展。以下是一些常见的寻找设计灵感和参考资料的途径：

（1）产品设计杂志和书籍：浏览相关的产品设计杂志、图书馆或在线书店，寻找与你正在设计的物体类型或行业相关的出色设计案例。这些杂志和书籍通常会提供丰富的图片和描述，让你了解最新的设计趋势和创意。

（2）网络搜索和图像库：使用搜索引擎进行关键词搜索，例如，输入“曲面设计”“创意产品设计”等，从而浏览相关的网页和图像搜索结果。还可以使用专门的图像库（如 Pinterest、Behance、Dribbble 等）来浏览其他设计师的作品，收集灵感。

（3）展览和博物馆：参观当地的艺术展览、设计展览或博物馆，尤其是有关于产品设计、工业设计或艺术设计的展览。观察不同的艺术品和设计作品，从中汲取灵感，并学习各种设计方法和表现手法。

（4）自然界和环境：观察自然界中的形态、流线和纹理等元素，这些可以成为设计灵感的来源。大自然提供了丰富多样的形状和结构，可以用来启发设计师创造出有机而优美的曲面设计。

（5）行业展会和工业设计竞赛：参加行业相关的展会和竞赛，了解最新的产品设计趋势和前沿技术。与其他设计师的交流和展示，可以获得有关曲面设计的实用经验和专业见解。

（6）社交媒体和设计社区：关注相关领域的设计师和设计机构，通过社交媒体平台（如 Instagram、LinkedIn 等）或在线设计社区（如 Designspiration、Coroflot 等）获取设计灵感互动交流。

（7）历史和文化：研究历史上的经典设计作品和不同文化的艺术风格，这可以激发设计师的创造力，并为其提供独特的视角。从中汲取灵感，并将其转化为现代曲面设计的元素和特点。

重要的是记住，设计灵感和参考资料应该用作启发和创意的来源，而不是直接复制或模仿。设计师应该运用自己的创造力和技术，将灵感转化为独特且符合需求的曲面设计作品。

（三）设计的思路与方法

在进行 3D 建模曲面设计时，以下是一些常见的思路和方法。

（1）确定设计目标：首先要明确你的设计目标和要求。了解所设计物体的功能、尺寸、材料等方面的需求，以及所处行业或领域的设计标准和限制。

（2）从基本几何体开始：在进行曲面设计之前，可以先从基本几何体（如球体、立方体、圆柱体等）开始。通过对这些基本几何体进行形变、切割、延伸等操作，逐步接近所需的曲面形状。

（3）曲线构造与调整：使用曲线工具创建主要的曲线轮廓，并根据设计需要进行调整和修正。这包括控制点的位置和数量、曲率的变化以及曲线的连续性等。

（4）曲面拟合与调整：将曲线连接起来，利用曲面工具进行曲面拟合和调整。这可以包括曲面填充、曲面扫描或曲面拉伸等操作，以获得所需的曲面形状。

（5）检查和优化曲面质量：在设计过程中，始终检查曲面的质量和连续性。确保没有异常或不光滑的区域，并优化曲面以实现预期的外观和功能。

（6）考虑曲面之间的过渡：对于复杂的曲面设计，特别要注意曲面之间的流畅过渡。确保曲面之间的连接点和边界平滑、连续，避免出现突变或断裂。

（7）考虑功能性和制造可行性：除了外观，还要考虑所设计曲面的功能性和制造可行性。要确保曲面设计符合物体的使用需求，并可以在制造过程中实现。

（8）多次迭代和调整：进行多次迭代和调整是很常见的，这可以逐步完善设计。根据反馈和评估结果，进一步改进和调整曲面形状，直至达到设计目标为止。

（9）使用工具和技术：利用 3D 建模软件中提供的工具和技术进行曲面设计。这些工具包括曲线和曲面编辑工具、拟合工具、曲面平滑工具等，可以帮助设计者更好地控制和调整曲面形状。

（10）参考其他设计师和专家：查看其他设计师和专家的作品和教程，学习他们的技巧和方法。这可以帮助你拓宽思路，提供新的灵感和解决问题的思路。

最重要的是保持灵活性和创造力，根据项目需求和自己的设计理念来进行曲面设计。同时，跟随设计过程中的评估、反馈和测试，不断改进和优化曲面形状。

二、曲面建模工具和软件选择

（一）选用的 3D 建模软件和工具介绍

在进行 3D 建模曲面设计时，有多种专业的 3D 建模软件和工具可供选择。以下是一些常用的软件和工具的简介。

（1）Rhino3D：一款专业的曲面建模软件，被广泛应用于工业设计、产品设计和建筑设计领域。它支持多种曲面建模方法，包括 NURBS 建模、曲线和曲面编辑工具等，可以用于创建高质量的曲面形状。

（2）Autodesk Alias：一款专门用于汽车和工业设计的 3D 建模软件。它提供了丰富的曲面建模工具和功能，如曲面平滑、曲线调整、曲面分析等，使设计师能够创建复杂的曲面形状，并进行精确的外观和造型设计。

除了上述软件，还有其他一些常用的建模工具和插件，如 Rhinoceros+Grasshopper（结合使用 Rhino3D 和 Grasshopper 插件来进行参数化设计）、Pixologic Sculptris（适用于数字雕刻入门级别）等。

选择什么样的 3D 建模软件和工具取决于你的项目需求、技术水平和个人喜好。不同的软件和工具在功能、用户界面和学习曲线上也有所不同，因此建议根据具体情况进行评估和选择。

（二）工作环境设置和配置

在进行曲面建模工作时，适当设置和配置工作环境可以提高效率和舒适度。下面是一些常见的曲面建模工作环境设置和配置的建议。

（1）显示器和分辨率：选择一个高质量的显示器，并确保使用合适的分辨率。较大的屏幕和较高的分辨率可以提供更多的工作空间和更高的清晰度，有助于观察和编辑曲面细节。

（2）鼠标和输入设备：选择一个符合个人习惯和需求的鼠标或其他输入设备。对于曲面建模，通常需要精确的控制和操作，因此一款精度高、灵敏度可调的鼠标会很有帮助。另外，图形绘图板也可以提供更直观和自然的绘制体验。

（3）快捷键和自定义设置：熟悉并合理利用软件的快捷键和自定义设置可以提高工作效率。根据个人的使用习惯，设置经常使用的工具和功能的快捷键，并将界面布局优化为符合自己的工作流程。

（4）多屏幕设置：如果可能，使用多个显示器来扩展工作区域。这样可以同时显示多个视图窗口、工具栏和参考图像，提高操作和观察的便利性。

（5）背景和颜色设置：选择合适的背景和颜色，以减少眼部疲劳并提高对模型细节的观察能力。一般来说，选择较暗的背景色，并确保曲面的线条和构造与背景清晰对比。

（6）文件管理和版本控制：建立良好的文件管理系统，包括合理的命名规范、文件夹组织和备份机制。此外，使用版本控制工具（如 Git）可以更好地跟踪和管理模型的不同版本和修改记录。

（7）更新和优化硬件：如果你的计算机硬件配置较低或运行速度较慢，可以考虑升级或优化硬件，如增加内存、更新显卡或使用固态硬盘等。这样可以提高建模软件的运行效率，加快渲染和模型预览速度。

（8）学习和交流平台：参与相关的学习和交流平台，如用户论坛、在线教程和培训课程等。这些平台可以帮助你了解最新的技术发展和工作技巧，并与其他设计师交流经验和解决问题。

每个设计师的工作环境和偏好都有所不同，因此根据自己的需求和习惯进行调整和配置是很重要的。逐步优化工作环境设置，可以提高工作效率、降低疲劳感，并更好地应对曲面建模的挑战。

三、曲面建模技术

（一）线框架构设计方法

在曲面建模技术中，线框架构设计是一种常用的方法，用于定义和控制曲面形状的基本结构和拓扑关系。下面是一些常见的线框架构设计方法。

（1）拓扑设计：首先确定曲面的整体拓扑结构，即曲面的连接方式和分割区域，如确定边界、环路、孔洞和边缘等。这可以通过绘制基本的线框图来实现。

（2）曲线设计：使用曲线工具创建主要的曲线轮廓，并根据设计需要进行调整和修正。这些曲线通常代表曲面的主要特征线、截面线或边界线。

（3）网格设计：确定曲面的网格结构，即曲面的点、边和面的布局方式。网格可以通过添加额外的辅助线和辅助点来定义曲面的更多细节和特性。

（4）控制点设计：在曲线和网格上放置控制点，用于控制曲面的形状和变化。这些控制点通常位于曲线的控制顶点或网格的顶点处，通过调整它们的位置、权重和数量来改变曲面的形状和光滑度。

（5）切割和分割：使用切割和分割工具将曲线和网格分割成更小的区域，以便更好地控制局部形状和细节。这可以通过添加额外的线或点来实现。

（6）连接与平滑：在不同的曲线和网格之间进行连接和平滑操作，以确保曲面的连续性和光滑度。这可以通过添加中间控制点、调整权重、应用平滑算法等来实现。

（7）修剪和截取：根据设计需求，对曲线和网格进行修剪和截取操作，以获得所需的形状和轮廓。这包括删除不需要的部分、合并重叠的区域和修复不连续的边界等。

（8）调整和优化：根据反馈和评估结果，对曲线框架进行调整和优化，以改善曲面的外观和性能。这可能涉及进一步调整控制点、优化曲线的位置和形状，以及增加细节或减少复杂性等。

（9）迭代和验证：进行多次迭代和验证，检查曲线框架的质量和连续性，并与设计目标进行比较。根据需求和结果进行调整，直到得到满意的曲面形状。

线框架构设计方法是一种灵活的曲面建模技术，可以根据具体项目和设计需求进行调整和应用。它提供了对曲面形状的精确控制和修改，使设计师能够创建复杂的曲面几何并满足功能和美观的要求。

（二）曲面拟合和修正技巧

曲面拟合和修正技巧是在曲面建模中常用的方法，用于调整和改进曲面的形状和光滑度。以下是一些常见的曲面拟合和修正技巧。

1.曲面拟合技巧

（1）最小二乘法：使用最小二乘法来拟合曲面到给定的数据点集。通过选择合适的曲面类型（如 NURBS、Bézier 等）以及调整控制点的位置和权重，使曲面尽可能接近给定的数据点。

（2）采样和插值：在离散的数据点上进行采样，并使用插值方法生成平滑的曲面。常见的插值方法包括三次样条插值、B-spline 插值和插值曲线。

（3）点云处理：通过对点云数据进行处理和分析，提取曲面的特征和规律，并拟合出逼近这些数据的曲面。

2.曲面修正技巧

（1）控制点调整：通过调整曲面上的控制点的位置、权重和数量，来改变曲面的形状和光滑度。这可以通过手动调整或使用优化算法来实现。

（2）局部编辑：针对曲面的特定区域进行局部编辑和修正。可以添加、删除或移动局部控制点，或使用曲面编辑工具进行精确调整。

（3）曲线调整：根据曲面的曲线结构和特征，对曲线进行调整和优化，以改变曲面的形状和光滑度。这可以通过平移、旋转、缩放等操作来实现。

3.曲面平滑技巧

（1）滤波算法：应用滤波算法，如高斯滤波或均值滤波，消除曲面上的噪声和不规则性，从而实现平滑效果。

（2）子细分：使用子细分技术将曲面细分为更小的面片，并对每个面片进行插值，从而产生更平滑的曲面。

（3）平滑算法：使用专门的平滑算法，如光滑曲面绘制（SSS）、Mean Curvature Flow 等，对曲面进行平滑处理。

4.修复和填补

（1）缺口填补：针对曲面中的孔洞或缺口，使用填补工具或拟合方法来自动或手动填补缺口，使曲面完整且连续。

（2）边界修复：当曲面边界出现断裂或不连续时，使用修复工具或曲面插值方法对边界进行修复，以获得平滑且连续的边界线。

这些技巧可以根据具体项目和设计需求进行选择和应用。通过调整曲面的形状、光滑度和细节，可以获得更精确、优美和符合设计要求的曲面模型。

（三）控制点调整和编辑

控制点调整和编辑是曲面建模中常用的技术，用于改变曲面的形状和光滑度。下面是一些关于控制点调整和编辑的常见方法。

（1）移动控制点：通过移动控制点的位置来改变曲面的形状。通常，可以选中一个或多个控制点，并使用平移工具将其移动到所需的位置。这种方法适用于快速调整曲面的整体形状。

（2）调整权重：在某些曲面类型（如 NURBS）中，每个控制点都有一个权重值，用于控制曲面对该控制点的响应程度。通过调整控制点的权重，可以改变曲面在不同区域的弯曲程度和光滑度。

（3）添加和删除控制点：在需要更精细的控制时，可以添加额外的控制点。这样可以增加曲面的细节和复杂性。相反，删除控制点可以简化曲面并减少控制点的数量。

（4）控制点连接和插入：通过连接两个或多个控制点，可以创建直线段、曲线段或曲面边界。此外，在曲线上插入新的控制点可以细化曲线的形状和轮廓。

（5）控制点权重调整：对于具有权重的控制点，可以根据需要调整其权重。通过增加或减少某些点的权重，改变曲面在该区域的弯曲程度和光滑度。

（6）曲线结构编辑：曲面通常由多条曲线组成，可以编辑这些曲线的结构以影响整个曲面的形状。例如，可以添加、删除或移动曲线上的控制点，调整曲线的弧度或切线方向等。

（7）局部细节编辑：针对曲面的特定区域进行局部细节编辑，可以使用更小的控制网格或更密集的控制点布局。这样可以实现对曲面的局部形状和细节的更精细控制。

（8）优化算法：一些曲面建模软件提供了优化算法，可以根据指定的目标函数和约束条件，自动调整控制点的位置和权重，以优化曲面的形状和性能。

以上方法只是一些常见的控制点调整和编辑技巧，实际操作可能因软件和工具的不同而有所不同。通过熟悉曲面建模软件的功能和工具，并不断尝试和实践，将能够更好地掌握控制点的调整和编辑技术。

四、曲面建模流程

（一）创建基础几何体

在曲面建模流程中，创建基础几何体是一个常见的起点，它提供了曲面建模的基本形状和结构。以下是创建一些常见基础几何体的方法。

（1）立方体：使用立方体工具或创建一个长方体并将其各个面缩放到相等的尺寸。

（2）圆柱体：使用圆柱体工具或创建一个圆柱，并根据需求调整其半径和高度。

（3）球体：使用球体工具或创建一个球体，并根据需求调整其半径。

（4）锥体：使用锥体工具或创建一个圆锥，并根据需求调整其底部半径和高度。

（5）平面：创建一个平面，可以指定其尺寸和位置。

（6）圆环：使用圆环工具或创建一个圆环，并根据需求调整其内径、外径和段数。

（7）椭圆：使用椭圆工具或创建一个椭圆，并根据需求调整其长轴和短轴。

这些基础几何体可以作为起始点，通过进一步修改和调整来满足具体的设计需求。通过应用变换、切割、旋转、缩放等操作，可以更好地塑造和变形基础几何体，以创建更复杂的曲面结构。同时，许多曲面建模软件还提供了其他高级的基础几何体工具和生成器，如扭曲、偏移、拉伸等，可以进一步丰富基础几何体的形状和特性。

在曲面建模过程中，选择适当的基础几何体对于获得所需的曲面形状和结构非常重要。应根据具体项目和设计要求，选择合适的基础几何体，并进行进一步的编辑和修改，以实现所需的曲面效果。

（二）定义主要曲面特征

曲面建模是一种用于创建和表示复杂曲线和曲面的技术。在曲面建模中，主要的曲面特征包括以下几个方面：

（1）控制点和控制网格：曲面建模通常基于控制点和控制网格的概念。控制点是影响曲面形状的关键位置，而控制网格则由连接控制点的线或面组成。

（2）曲线和曲面类型：曲面建模使用不同类型的曲线和曲面来表示不同的形状。其中一些常见的类型包括 Bézier 曲线、B-spline 曲线、NURBS（Non-Uniform Rational B-Spline）曲线以及对应的曲面。

（3）弯曲度和光滑度：曲面建模旨在创建平滑和具有合适弯曲度的曲线与曲面。弯曲度指曲线或曲面的弯曲程度，光滑度指曲线或曲面的连续性和无缝过渡。

（4）局部特征和全局特征：曲面建模可以实现局部细节和全局形状的控制。局部特征指曲面的局部细节和形状变化，而全局特征指整体曲面形状的控制。

（5）曲面拟合和曲面修正：曲面建模通过曲面拟合技术来逼近给定数据点或曲线，使得生成的曲面尽可能接近这些输入。曲面修正则是在已有曲面上进行调整和改进，以满足设计要求。

（6）曲面编辑和变形：曲面建模允许对曲面进行编辑和变形。通过移动、旋转、缩放、拉伸等操作，可以改变曲面的形状、大小和方向。

（7）曲面细分和细节提取：曲面细分是一种技术，通过将曲面细分为更小的面片，并对每个面片进行插值，产生更精细的曲面。细节提取则是从高分辨率曲面中提取出特定局部细节并应用到较低分辨率的曲面上。

这些主要曲面特征共同构成了曲面建模的基础。在实际应用中，根据具体需求和设计目标，使用适当的技术和工具，可以创建出复杂、精确且符合设计要求的曲面模型。

（三）利用曲面工具进行细化和调整

曲面建模中，利用曲面工具进行细化和调整是非常重要的步骤，可以进一步改善曲面的形状、光滑度和细节。以下是一些常见的曲面工具和它们的应用。

（1）曲面平滑工具：这些工具可以通过调整曲面上的控制点位置来改善曲面的光滑度。例如，使用细分曲面工具可以将曲面分割成更小的面片，并对每个面片进行插值以获得更平滑的曲面。

（2）曲面拉伸工具：这些工具可以沿着曲面的某个方向拉伸曲线或曲面。通过拉伸操作，可以改变曲面的形状并引入更多的细节。

（3）曲面修剪工具：这些工具可以在曲面上切割、修剪和修改局部区域。例如，使用曲面修剪工具可以裁剪曲面的一部分，使其符合特定的设计需求。

（4）曲面偏移工具：这些工具可以在曲面上创建一个平行的偏移曲面。通过调整偏移距离，可以改变曲面的大小和形状。

（5）曲面融合工具：这些工具可以将两个或多个曲面融合在一起，创建平滑的过渡区域。通过调整曲面融合的参数，可以控制融合区域的形状和光滑度。

（6）曲面细节雕刻工具：这些工具用于在曲面上添加细节，如纹理、凹凸等。常见的方法包括使用刷子工具进行绘制和雕刻，或者使用纹理映射工具将纹理应用到曲面上。

（7）曲面约束工具：这些工具用于在曲面上应用约束条件，如固定边界、保持对称性等。通过设置约束条件，可以确保曲面在编辑过程中保持所需的特征和形状。

这些曲面工具提供了丰富的功能和选项，可以帮助设计师精确地调整和细化曲面。根据具体的设计要求和目标，选择适当的工具并结合使用，可以有效地优化曲面的形状、光滑度和细节，从而得到满意的曲面模型。

五、校验和评估

（一）曲面质量评估指标

曲面设计的校验和评估是确保曲面质量和曲面一致性的重要步骤。在曲面建模中，存在一些常用的校验和评估曲面质量的指标和方法，包括以下几方面。

（1）曲面光滑度：曲面应该具有良好的光滑性，没有明显的锐角、突变或不连续性。评估曲面光滑度可以通过检查曲面法线的连续性、切线的一致性以及曲面的局部弯曲性等来进行。

（2）曲面可加工性：曲面设计应考虑到它们的可加工性，也就是它们能否容易地被制造成实际的物体。评估曲面的可加工性包括检查曲面的连续性、平滑度以及是否存在过度弯曲或奇异点等。

（3）曲面误差分析：使用数值方法对曲面进行误差分析，将计算得到的曲面与原始数据（如 CAD 模型或扫描数据）进行比较。常见的误差分析方法包括最小二乘法、最大偏差、均方根误差等。

（4）曲率分析：曲率可以描述曲面在每个点处的弯曲性质。曲面设计中的曲率分析有助于了解曲面在各个区域的形状变化和光滑度。常用的曲率分析方法包括高斯曲率、平均曲率和主曲率等。

（5）控制点布局分析：控制点的布局对曲面的形状和细节非常重要。评估控制点布局可以通过检查控制点之间的距离和分布情况，看是否满足所需的曲面特征和形状。

（6）拓扑一致性：曲面的拓扑结构应该符合预期，没有错误或奇异点。评估曲面的拓扑一致性可以通过检查曲面的边界、顶点连接以及曲面与其他几何体的相交情况等。

（7）可视化评估：通过可视化方式对曲面进行评估是一种直观的方法。利用渲染、着色和着色平滑等技术，观察曲面在不同视图和光线条件下的外观和形状，以判断其质量和美观性。

这些校验和评估方法通常结合使用，以全面评价曲面设计的质量和一致性。在实际应用中，根据具体设计需求和标准，选择适当的评估指标和方法，以确保曲面设计满足要求，并具有良好的质量和可加工性。

（二）曲面光顺性和连续性测试

曲面光滑性和连续性是评估曲面质量的重要因素。以下是测试曲面光滑性和连续性的一些常用方法：

（1）法线连续性检查：曲面的法线应该在曲面上各个点处连续，并且法线之间应该具有平滑的过渡。可通过计算相邻面片或曲线段的法线向量并比较其方向和角度来检查曲面的法线连续性。

（2）切线连续性检查：曲面上的切线向量也应该在曲面上各个点处连续，并且切线之间应该具有平滑的过渡。可以通过计算相邻面片或曲线段的切线向量并比较其方向和角度来检查曲面的切线连续性。

（3）曲率连续性检查：曲面上的曲率描述了曲面在每个点处的弯曲程度。曲率连续性检查可以通过计算相邻面片或曲线段的曲率值并比较其大小和方向来进行。连续的曲率表示曲面在该区域上没有突变或不连续性。

（4）闭合曲面检查：如果曲面是闭合的，如球体或圆环，那么曲面在连接点处应该无缝地闭合。可以通过检查连接点的位置和法线方向来确认曲面的闭合性。

（5）平滑度检查：平滑度是指曲面的连续性和光滑性程度。可以使用可视化工具来观察曲面的外观，检查是否有明显的锐角、凹凸或不连续性。平滑度检查也可以通过渲染和着色等技术来显示曲面的光滑过渡和外观。

这些测试方法可以帮助评估曲面的光滑性和连续性，并确定曲面是否符合设计要求。在曲面建模过程中，可以结合使用多种方法来全面评估曲面的质量，确保曲面具有良好的光滑性和连续性。

（三）零件装配性和相容性检查

在进行零件装配之前，进行装配性和相容性检查是非常重要的。这些检查可以帮助确保零件能够正确组装，并且在组装后能够正常运作。以下是一些常用的用于零件装配性和相容性检查的方法和技术。

（1）尺寸和公差分析：进行尺寸和公差分析可以确保零件的尺寸符合规定的要求，并且能够与其他零件正确匹配。使用计量工具（如卡尺、测微计）来测量零件的关键尺寸，并与设计规格进行比较。

（2）3D 模型匹配和对齐：通过将零件的 3D 模型与装配体进行匹配和对齐，可以检查零件是否适合于给定的装配结构。使用 CAD 软件来将零件模型与装配体模型进行虚拟装配，并检查是否有冲突或重叠。

（3）功能性测试：进行功能性测试可以验证装配后的零件是否能够正常工作。这可能涉及模拟实际操作或施加荷载，以确保零件在装配后满足性能要求。

（4）形状和空间相容性检查：检查零件的形状和空间相容性可以确保零件在组装时

不会相互干涉或碰撞。使用 3D 模型或物理样品进行可视化检查，确保零件之间有足够的间隙和自由度。

（5）材料和表面处理相容性：确保零件的材料和表面处理相容性，以防止腐蚀、耐磨性或化学反应等问题。此外，还要确认连接方式（如焊接、胶合或螺纹连接）是否适用于零件的材料性质。

（6）文件和规范一致性检查：检查零件的制造文件和规范，确保其与装配体的要求和标准一致。这包括检查材料规范、公差要求、装配顺序等。

这些方法和技术可以帮助进行零件装配性和相容性检查，确保零件能够正确组装，并满足性能要求。在设计和制造过程中，及时进行这些检查是非常关键的，可以避免后续的装配问题和重新工作。

六、优化和改进

（一）曲面设计的优化策略

曲面设计的优化策略旨在改进曲面的形状、光滑度、拓扑结构等方面，以满足设计要求和达到更好的性能。以下是一些常见的曲面设计优化策略：

（1）参数化调整：通过调整曲面的参数，可以改变曲面的形状和特征。可以使用参数化建模方法，如 Bézier 曲线、B 样条曲面等，在参数空间中进行曲面控制点的移动和调整，以达到所需的形状和光滑度。

（2）曲面拟合和逼近：使用曲面拟合技术将离散数据或曲线拟合到曲面上，以获得更平滑和连续的曲面。最小二乘法、曲面插值和逼近算法等都被广泛地应用于曲面拟合和逼近。

（3）优化算法：使用数值优化算法来改善曲面的形状和性能。例如，基于梯度的优化方法可以根据预定义的目标函数对曲面进行优化，以最大程度地满足设计要求。

（4）细分曲面：通过细分曲面技术，可以将粗糙的曲面细分为更小的面片，并通过插值和限制条件来获得更光滑和细致的曲面。

（5）拓扑优化：通过调整曲面的拓扑结构，可以改善曲面的连续性、封闭性和平滑度。拓扑优化方法包括曲面连接、切割和合并等。

（6）多目标优化：在曲面设计中，通常存在多个竞争的目标，如形状光滑度、曲面误差、可加工性等。使用多目标优化算法，可以在不同目标之间寻找最佳权衡和平衡点。

（7）可视化反馈：利用可视化工具和技术提供实时反馈，帮助设计师直观地了解和调整曲面的形状和外观。这有助于迅速发现问题并进行调整。

这些优化策略可以单独或组合使用，根据具体的设计要求和目标，选择适当的策略和方法。曲面设计的优化是一个迭代的过程，需要不断调整和改进，以获得最优的结果。

（二）材料和制造要求的考虑

在曲面设计中，考虑材料和制造要求是至关重要的，因为它们直接影响到曲面的可行性、质量和最终产品的性能。以下是一些常见的考虑事项：

（1）材料选择：选择适合曲面设计的材料是非常重要的。不同材料具有不同的物理特性、加工性能和耐久性。应根据设计的需求，选择具备所需强度、刚度、耐磨性、耐腐蚀性等特性的材料。

（2）制造工艺：考虑曲面设计的制造工艺也很重要。根据材料的特性和形状复杂性，选择适当的制造方法，如铸造、喷涂、注塑成型、机械加工等，以确保选用的工艺能够精确地实现设计要求，并保持曲面的光滑度和形状。

（3）公差和配合：定义合适的公差和配合是确保曲面装配正确的关键。要考虑曲面之间的配合条件，以确保零件可以完全嵌入并连接到一起。同时，确定适当的公差范围，以容许制造过程中的变化和误差，保证装配的可靠性和一致性。

（4）表面质量要求：曲面设计中通常需要考虑表面的质量要求。这包括光洁度、平整度、表面粗糙度等方面。根据产品的应用和审美需求，确定表面质量的目标，并确保制造过程中能够实现这些要求。

（5）可加工性考虑：在进行曲面设计时，还应该考虑到材料的可加工性。不同材料具有不同的可加工性能，如易切削性、焊接性、成型性等。选择具备较好可加工性的材料，并优化曲面的形状，以便于制造过程中的加工和成型。

（6）成本效益：最后，还需要考虑曲面设计的成本效益。根据预算和制造要求，选择适当的材料和制造方法，以最大程度地降低成本，并确保产品的质量和性能仍然符合要求。

综上所述，考虑材料和制造要求对曲面设计至关重要。通过合理选择材料、考虑制造工艺、定义适当公差和配合，可以实现设计的可行性和生产高质量的曲面产品。

（三）进一步改进和调整

曲面设计的进一步改进和调整是一个迭代的过程，可以通过以下方法来实现：

（1）用户反馈和需求分析：与最终用户进行沟通，了解他们的反馈和需求。收集用户的意见和建议，以便针对他们的需求进行进一步的设计改进和调整。

（2）优化算法和工具：使用专业的优化算法和工具来改善曲面设计。这些算法可以根据预设的目标函数自动调整曲面参数，以满足特定的设计要求和约束条件。

（3）形状控制点调整：根据设计需求，调整曲面控制点的位置、权重和数量。通过调整控制点，可以改变曲面的形状和光滑度，并满足更精确的几何要求。

（4）拓扑结构优化：考虑曲面的拓扑结构，可以通过添加、删除或重新连接曲面的拓扑元素（如边、顶点等）来改善曲面的连续性、封闭性和平滑度。

（5）参数调整和灵活性设计：通过调整曲面的参数范围和权重，增加曲面设计的灵活性。这样可以在设计过程中进行更多的调整和优化，以满足不同的需求和要求。

（6）可视化和仿真分析：利用可视化工具和仿真分析技术，对曲面设计进行实时的可视化展示和性能评估。这样可以直观地了解曲面的外观和行为，在此基础上进一步改进和调整设计。

（7）原型制作和测试验证：通过制作物理原型并进行测试验证，可以检查和验证曲面设计的质量和性能。根据测试结果，进行必要的修改和优化，以满足设计要求。

以上方法可以结合使用，根据具体的设计目标和需求进行相应的改进和调整。持续的反馈和迭代是确保曲面设计达到最佳状态的关键。

七、结果展示

（一）生成渲染图像或实时演示

要生成曲面设计的渲染图像或实时演示，可以使用以下方法：

（1）计算机辅助设计（CAD）软件：使用专业的 CAD 软件，如 SolidWorks、CATIA、AutoCAD 等，可以在设计界面中创建曲面模型并进行渲染。这些软件提供了各种渲染选项和设置，可以生成高质量的静态图像。

（2）渲染引擎：使用独立的渲染引擎，如 Blender、V-Ray、KeyShot 等，可以将曲面模型导入渲染软件中进行渲染。这些渲染引擎提供了更高级的光照、材质和效果设置，可以生成逼真的渲染图像。

（3）实时渲染引擎：使用实时渲染引擎，如 Unity3D、Unreal Engine、Marmoset Toolbag 等，可以将曲面模型导入游戏引擎中，并实时渲染出具有交互性的场景。这样可以进行实时演示和交互，展示曲面设计的外观和行为。

（4）3D 建模和动画软件：使用 3D 建模和动画软件，如 Maya、3ds Max、Cinema 4D 等，可以创建和编辑曲面模型，并进行动画渲染。这些软件提供了丰富的动画和渲染功能，可以生成动态的演示视频。

（5）虚拟现实（VR）和增强现实（AR）技术：利用虚拟现实和增强现实技术，可以将曲面设计模型投影到现实场景中或在虚拟环境中展示。这样可以提供更直观、沉浸式的体验，让用户以更真实的方式与曲面设计进行互动。

可以根据需要选择合适的工具和软件来生成曲面设计的渲染图像或实时演示。这样可以更好地展示和传达曲面设计的外观、材质和形状，帮助他人更好地理解和评估设计。

（二）对比原始概念和最终设计

曲面设计的最终设计通常与原始概念存在一定的差异。这是因为在设计过程中，通过反复地迭代和调整，设计师会根据需求和限制条件对曲面进行进一步改进和优化。以下是曲面设计与原始概念之间可能存在的一些对比。

（1）形状和外观：最终设计可能在形状和外观上与原始概念有所不同。设计师在迭代过程中可能调整了曲面的曲率、角度、线条等，以满足审美要求、功能需求或实际生产要求。

（2）光滑度和连续性：最终设计通常会更加注重光滑度和连续性，以确保曲面在视觉上流畅且没有明显的几何间断。设计师可能使用优化算法或调整控制点来改善曲面的光滑度和连续性。

（3）细节和细节表达：最终设计可能对细节和细节表达进行更多的考虑。设计师可能会加入更多的曲面细节、纹理或表面特征，使产品更具吸引力或满足特定的功能要求。

（4）可加工性和制造要求：最终设计还需要考虑可加工性和制造要求。设计师可能会根据材料的可加工性和制造工艺的限制，对曲面进行调整和优化，以确保产品可以顺利生产。

八、文档和交付物

（一）3D 模型文件（如 STL、STEP 等）

3D 模型文件是用于表示三维物体的数字化文件格式。它们在曲面设计和制造领域中被广泛使用，便于传输、共享和进一步处理。以下是一些常见的 3D 模型文件格式：

（1）STL（Standard Tessellation Language）：最常见的用于 3D 打印的文件格式之一。它以三角面片的形式来表示物体的几何形状，通过定义顶点坐标和法线方向来描述每个面片。STL 文件可以包含多个面片，形成一个封闭的物体。

（2）STEP（Standard for the Exchange of Product Data）：一种通用的 CAD 文件格式，用于在不同的 CAD 软件之间交换数据。它以较高级别的形式描述物体的几何形状、结构和属性信息，支持复杂的几何表示和工程元数据。

（3）IGES（Initial Graphics Exchange Specification）：另一种广泛用于 CAD 数据交换的格式。它类似于 STEP，能够存储三维物体的几何信息、拓扑结构、属性等。IGES 格式主要用于传输简单的曲面和几何实体。

（4）OBJ（Wavefront Object）：一种常见的 3D 模型文件格式，广泛用于图形渲染和动画领域。它可以存储多边形网格的顶点、法线、纹理坐标等信息，支持复杂的几何形状和纹理贴图。

（5）FBX（Filmbox）：一种由 Autodesk 开发的通用 3D 文件格式，广泛用于游戏开发和动画制作。它支持多边形网格、骨骼、动画、材质等信息的存储，便于在不同的软件之间进行数据交换。

这些 3D 模型文件格式在不同的应用场景中具有各自的特点和优势。根据具体需求，可以选择适合的格式来存储和处理曲面设计的 3D 模型。

（二）2D 工程图纸和制造说明书

2D 工程图纸和制造说明书是在曲面设计和制造过程中使用的重要文档，它们提供了详细的信息和指导，确保产品能够被准确制造。以下是对这两种文档的简要描述。

（1）2D 工程图纸：2D 工程图纸是用于表示产品几何形状、尺寸、标注和其他相关信息的二维图纸。它通常包括正视图、俯视图、剖视图和细节视图等，以及尺寸标注、符号、注释和材料规格等。工程图纸可以通过 CAD 软件进行创建和编辑，并遵循国际标准（如 ISO、ANSI 等）来确保一致性和可读性。

（2）制造说明书：制造说明书是用于指导产品制造和组装过程的详细说明文档。它包含了从原材料采购到零部件加工和最终装配的步骤和指导。制造说明书通常包括工艺流程、工序说明、工具和设备清单、质量要求、检验标准和安全注意事项等。这些说明书可以由工程师、生产经理或技术作家编写，并与相关人员共享和使用。

2D 工程图纸和制造说明书在产品设计和制造中起到了关键的作用。它们提供了清晰的图纸和文档，使得工程师、制造人员和质量控制人员能够理解和遵循设计要求，最终生产出符合规格的产品。这些文档也有助于确保生产流程的标准化和质量控制的一致性。

（三）相关分析和报告结果

曲面设计相关的分析和报告结果可以提供对设计的评估、性能分析以及其他相关指标的数据和结论。以下是一些可能包含在曲面设计分析和报告结果中的内容。

（1）几何分析：对曲面几何形状进行分析，如曲率分布、曲面曲率连续性、曲面光滑度等。这些分析可以通过 CAD 软件或专门的几何分析工具来实现。

（2）功能性能分析：对曲面设计的功能性能进行评估，如结构强度、刚度、稳定性等。这可以通过有限元分析（FEA）或其他模拟方法进行。

（3）流体动力学分析：针对涉及流体流动的曲面设计，进行流体动力学分析，如气动特性、水动力学表现等。这可以利用计算流体动力学（CFD）模拟来实现。

（4）表面质量评估：对曲面设计的表面质量进行评估，如光洁度、表面缺陷、毛坯材料利用率等。

（5）制造可行性分析：评估曲面设计的制造可行性，包括加工难度、工艺要求、模具设计和成本等方面的考虑。

（6）可视化效果评估：生成渲染图像或实时演示，以展示曲面设计的外观和形态，并进行审美评估。

（7）成本分析：评估曲面设计的制造成本和材料成本，包括原材料选择、加工工艺和制造流程等的考虑。

（8）时间和资源评估：评估曲面设计的开发时间和所需资源，包括人力、设备和软件等。

这些分析和报告结果提供了对曲面设计的全面评估和指导，帮助设计师和工程师优化设计、改善性能并做出决策。分析结果可以用于支持设计决策、验证设计要求的满足程度，以及与利益相关者共享设计进展和成果。

九、结论

（一）总结设计过程和成果

曲面设计是一个复杂而有挑战性的过程，涉及从最初的概念到最终的成果的多个阶段和步骤。以下是对曲面设计过程和成果的总结。

（1）研究和理解需求：在曲面设计的开始阶段，设计师需要与客户或利益相关者进行沟通，深入了解产品的需求、目标和约束条件。这包括功能要求、审美要求、制造要求等。

（2）概念设计：基于需求的理解，设计师开始进行创意概念的生成。通过手绘草图、数字绘图或三维建模工具，设计师尝试不同的设计方案，探索形状、曲线和比例等。

（3）详细设计和优化：选定一个或多个概念后，设计师将进一步详细设计和优化曲面形状。这可能涉及使用CAD软件进行参数化建模、曲面调整和光滑度优化等。

（4）功能和性能验证：设计师进行功能和性能分析，通过有限元分析、流体动力学模拟或其他测试方法验证设计的可行性和性能。根据分析结果，进行必要的修正和优化。

（5）制造规划和准备：在曲面设计的最终阶段，设计师开始进行制造规划和准备工作。这包括制造过程选择、工具和模具设计、材料选择等。

（6）评估和审查：在曲面设计完成后，进行评估和审查以确保设计满足要求。这可能涉及设计评审会议、样品制作和测试、用户反馈等。

（7）最终成果：曲面设计的最终成果是一个完整的设计方案，包括详细的工程图纸、3D模型文件和制造说明书。这些文档提供了对产品形状、尺寸、材料和制造流程的详细描述，为实际制造和生产提供指导。

曲面设计的成功取决于设计师的创造力、技术能力和有效的沟通与协作。通过遵循上述设计过程和不断优化，最终可以得到符合需求、功能良好且外观吸引人的曲面设计成果。

（二）指明可能的改进方向

根据曲面设计的特定情况，以下是一些可能的改进方向：

（1）优化几何形状：通过分析和评估曲面的几何属性，可以考虑对曲率、光滑性和连续性进行优化。这可能包括调整控制点或参数，使曲面更符合功能和审美要求。

（2）改进功能性能：如果设计需要满足特定的功能需求，如结构强度、刚度、气动特性等，可以通过有限元分析或其他模拟方法对曲面进行优化，并增加相关特征或结构。

（3）提高制造可行性：在曲面设计中考虑制造可行性非常重要。可以通过优化设计以降低材料浪费、简化工艺流程、减少工具和模具的复杂性等，以提高制造效率并降低成本。

（4）优化表面质量：表面质量对于某些应用非常关键，如视觉外观或润滑性能。通过改进曲面的光洁度、消除缺陷或优化纹理等，可以提高产品的表面质量。

（5）提升生产效率：考虑到生产过程的效率和成本，可以采用自动化工艺、模块化设计或标准化部件等方式，以提高生产效率和降低制造复杂度。

（6）优化材料选择：正确选择适合设计要求的材料非常重要。根据产品的功能需求、成本要求和环境条件，使用合适的材料，以达到最佳性能和可持续性。

（7）用户体验改进：如果曲面设计与用户交互有关，如产品外观、人机界面等，可以通过用户调研、人类工程学分析和原型测试等方法，对曲面进行改进以提升用户体验。

这些改进方向只是一些常见的示例，实际的改进取决于具体的曲面设计项目和相关要求。设计师应该综合考虑功能、美学、制造和用户需求，寻找最佳的改进方向，并确保设计变化符合项目目标和约束条件。

第五章　3D 打印与传统技术结合

第一节　3D 打印技术与传统增减材复合制造

为了提高 3D 打印零件的成型精度，常规的方法是减小 3D 打印点的尺寸，提高分辨率，比如提高激光束的汇聚性，让熔化区域变得更小，单个熔化区域尺寸达到微米级。但熔化区的变小会带来成型速度的大幅降低，效率的降低不适于加工领域应用。增材制造技术结合切削减材制造技术，可以让 3D 打印技术的应用得到快速发展。具体来说，就是将传统减材制造加入 3D 打印成型过程中，仍然采用低分辨率的打印工艺，可保证高速成型工艺，然后用铣削工艺来保证成型精度，最终达到高精度零件使用的技术标准。

减材制造，顾名思义就是通过去除材料来获得所需零件的制造过程，例如，车削、铣削、磨削等传统制造。传统减材制造尤其是数控加工具有高精度、高效率、加工柔性好、工艺规划简单等特点。增减材的复合加工系统主要应用于金属零件加工领域，通常金属增材制造技术使用的材料为粉末或线材，主要利用激光熔覆和等离子成型技术进行加工。其中，粉末材料适用于精细部件和小部件成型，而线材则适用于大型结构部件的制造。将减材制造与增材制造进行有机集成，进行复合加工能够有效地将二者优缺点进行互补，提高生产效率，降低产品成本。

一、增减材复合制造技术原理

基于增减材制造的复合加工技术是从面向制造的产品设计阶段、软件控制设计阶段以及加工阶段将增材制造和减材制造相结合的一种新的技术。该技术是一种添加和去除材料的复合加工过程，以“离散—堆积—控制”的成型原理为基础。首先，在计算机中生成最终功能零件的三维 CAD 模型；然后，基于三维 CAD 模型数据，增材制造系统完成零件的成型工作，再由数控机床进行传统加工，最终完成零件成型加工。目前，各国相关技术人员主要致力于增材与减材复合制造平台的模块化设计，包括：

（1）在不同类型的数控机床上进行熔丝金属成型（FDM）制造。

（2）在立式加工中心进行激光选区熔化成型，例如，日本松浦机械推出的 LumexAdvance-25 复合加工中心。

（3）具有多功能的直接金属熔覆成型多轴加工中心，例如，德国哈缪尔 Hamuel HSTM1000、瑞士 GF HPM 450U、德玛吉 DMG Mori LASERTEC 653D 等型号复合加工中心。用于安装增材制造模块平台的机床主要是多轴铣削中心。

二、增减材混合制造的应用

增减材复合加工这种极具创新性的技术在过去几年得到迅速发展，其应用范围也不断扩大，如：

（1）生产具有高尺寸精度和良好表面粗糙度的复杂零件；

（2）生产具有悬垂结构的零件、法兰和散热片；

（3）在一次夹紧中修复磨损的元件并使用 3D 打印成型多材料部件。

这种复合加工方法特别适用于难加工材料的小批量生产，例如，航空合金部件，用于能源、模具和医疗器械行业的高硬度材料。通常，在完成增材和减材成型工艺之后需要对部件进行热处理。

世界著名公司 DMG 也是复合制造、涂层沉积和再制造或修复的混合增减材复合制造平台开发的领导者。其标准通用复合机床 LASERTEC 653D 加工中心，使用吹粉沉积焊接工艺（金属粉末流被喷涂到熔池并熔合到基材上）。这种增材制造技术比激光选区熔化成型技术更有效。例如，质量为 3.5kg 的零件的制造时间可减少五分之一。LASERTEC 653D 加工中心通过使用激光熔覆技术立体成型零件，同时在零件成型的整个加工过程中使用铣削加工关键特征。此外，该加工中心既可以独立通过增材制造来生产组件，也可以在同一生产工位上将零件加工到符合标准的公差范围内。

随着增减材复合加工技术的不断发展，增减材复合加工工艺被应用于维修或再制造具有高价值的金属零件中，例如，航空航天工业由 Ti-6AI-4V 和 Inconel 718 合金制造的零部件。绝大多数用于再制造的增材制造设备使用的工艺主要有两种：定向能量沉积（Directed Energy Deposition，DED）和粉末床熔融（Powder Bed Fusion，PBF）。虽然粉末床熔融成型工艺被广泛用于金属增材制造商用设备，但定向能量沉积工艺在增减材复合加工设备中使用频率更高。定向能量沉积（DED）的优异应用是向现有部件添加超硬材料以改善其耐久性。一般而言，LRT（激光修复技术）涵盖了一系列类似的沉积技术，包括 DMD（直接金属沉积）、LAM（激光增材制造）和 LMD（激光金属沉积）。

增减材复合加工在零件修复领域的应用直接导致使用成本的降低，特别是在涉及高价值和复杂组件的情况下。增减材复合加工技术极大地简化了零件的修复工艺流程，激光修复技术在去除零件损坏位置周围的材料后，通过激光熔覆等工艺重新填充已去除的材料，并完成待修复位置的一系列后处理工艺，如抛光等。除了对零件进行修复工作之外，激光熔覆还可以将不同的材料组合在一起以提高零件的性能。通过适当的加工参数，实现涂覆层材料与基底材料非常牢固的黏结，产生微观结构并提高零件性能。

总的来说，复合修复过程包括以下加工和非加工（计量/检查）过程：高速铣削+3D 扫描+3D 激光熔覆+3D 检测+后处理+激光打标。该过程通过增材制造、减材制造与检测的协同工作在多功能机床上得到实现。由此可见，增减材复合加工中心是用于修复磨损部件柔性度最高的设备，修复过程所消耗费用仅是制造新零件所需成本的一小部分，大大提高了高价值零部件的使用寿命。

采用增减材复合加工技术进行零件修复过程中的一个重要步骤是重建零件受损位置几何模型，即所需要的修复量，这是下一步增材制造激光扫描路径规划的关键。修复工作开始前，需要在表面标记一些分度点以识别基板与刀具路径的相对位置。因此，通过扫描受损区域，然后使用点云技术处理来获得零件修复量。

但由于基于增减材的复合加工技术还处于起步阶段，并牵涉较为宽广的技术学科，只有在相关学科技术得到全面的研究后才能对该技术形成支撑。具体来说，以下几个方面是将来需要着重解决的问题。

（1）软件系统的研发。目前，所有的复合加工系统软件，都是在快速成型技术软件的基础上进行的改进和集成，其基本过程和快速成型软件基本相同，但复合加工技术的优势并没有完全发挥出来。未来软件的开发，应该基于复合加工技术的特点，从模型设计、离散化分层处理、路径生成及控制直到加工完成的整个过程进行系统性融合。

（2）控制系统的研发。由于在零件成型过程中，要在沉积和机加工两种功能中不断转化，其加工坐标系也在不断变化，因此对于刀具和沉积的准确定位和控制尤为重要。而现在几乎所有的基于增减材的复合加工系统，都没有反馈控制，因此如何实现对加工过程的实时检测和反馈，形成闭环控制，需要进一步研究。

（3）成型尺寸的扩展。上述介绍的基于增减材的复合加工技术主要应用于模具、功能结构件、嵌入式结构件等结构尺寸较小的成型件中，尚不能成型大型结构件。

（4）工艺集成性。由于成型的零件具有不同的特征，因此所采用的沉积工艺和材料也不同。如何将多种沉积工艺设备集成在一起，并保证运行的协调性和高效率是需要进一步研究的问题。

第二节 与铸造技术的结合——快速铸造

从 20 世纪 90 年代开始，西方一些发达国家就开始研究将 3D 打印技术运用到传统的铸造行业中，至今依然进行着深入的研究。我国的一些高校与科研机构也紧跟其后，研究了 3D 打印技术在熔模精密铸造领域的应用。快速成型技术在铸造中可分为三种：一是直接铸造；二是一次转制；三是二次转制。直接铸造用于小批量生产，一次转制和二次转制适用于大批量生产。直接铸造和一次转制属于直接快速铸造，而二次转制属于间接快速铸造。在直接铸造中，采用塑料、蜡或纸借助于 RP 技术制造型模或准备浇铸的模具。直接浇铸模具是通过使用陶瓷材料以适当的 RP 工艺（即直接制造型壳）制备，此类铸件原型与型壳只能用于一次生产单个零件。在一次转制法和二次转制法中，使用 RP 工艺制造的最终所需铸件的主模来生产软模具，例如，环氧批量铸件、聚氨酯面铸件、金属喷涂和室温硫化（RTV）硅橡胶成型件。

快速铸造技术结合了 3D 打印技术与熔模精密铸造技术的优点。其不仅拥有使用 3D

打印技术能制造任意复杂形状零件、制造周期短、生产成本低的特点，而且保留了熔模精密铸造工艺成型件尺寸精度高、表面质量好、能够成型任意金属材料的优点，因而广泛应用于单件、小批量复杂形状金属铸件的生产制造之中。目前，国内研究较多的是基于立体光固化成型（SLA）、激光选区烧结（SLS）和熔融沉积成型（FDM）的快速铸造技术。

一、基于 SLA 的快速铸造技术

基于立体光固化成型（SLA）的快速铸造技术工艺流程为：利用立体光固化成型设备将零件的三维数字模型直接打印成树脂原型，在进行清洗、去支撑、打磨和后固化等后处理工序之后，以零件的树脂原型为熔模进行熔模精密铸造，最后进行制壳、焙烧、浇铸、脱壳和铸件后处理等工序获得零件的金属铸件。

基于 SLA 的快速铸造技术的优势在于制作的零件树脂原型尺寸精度高、表面质量好且机械强度高。但由于 SLA 运用的光敏树脂热膨胀系数较大，在高温焙烧脱树脂的时候，树脂原型的膨胀程度远远大于型壳的膨胀程度，从而把紧紧包裹树脂原型的型壳胀裂，导致铸造失败。

光固化树脂属于热固性塑料，只能软化而不能熔化流失。经测定，光固化所用树脂原型在 50~60℃时开始软化，超过 300℃后树脂的分子结构开始崩溃，达到 600℃时，树脂材料燃烧分解成 CO_2、水汽和少量残留物。此外，用于制模的光固化树脂需满足以下特殊要求：

（1）黏度不能过大。如果树脂黏度太大，不利于型壳焙烧后将残余树脂排出，残留过多树脂可能引起型壳的胀裂。

（2）残留灰分不能过多。如果型壳焙烧后残留灰分过多，将导致铸件表面产生非金属夹杂及其他缺陷。

（3）重金属元素含量要尽可能低。例如，树脂中的锑如果出现在型壳焙烧后的残灰中，可能会污染合金，甚至使铸件报废，所以重金属元素含量应尽可能低，最好没有。

（4）吸湿性小。为保证整个工艺流程中模型尺寸的稳定，树脂的吸湿性小是非常重要的。

二、基于 SLS 的快速铸造技术

基于激光选区烧结（SLS）的快速铸造技术与基于立体光固化成型（SLA）的快速铸造技术相似，利用激光选区烧结成型设备将零件的三维数字模型直接打印成烧结原型，再以烧结原型作为熔模进行熔模精密铸造，制造金属铸件。主要流程有：

（1）“蜡模”的制作；

（2）浇注系统的确定；

（3）浇注系统的焊接；

（4）制壳；

（5）浇注。

其中，在制壳步骤，需要对浇注系统脱蜡后的型壳进行焙烧，焙烧的目的是去除型壳中的挥发物，如水分、残余蜡料等，使型壳在浇注时有低的发气性和良好的透气性，防止出现气孔等缺陷。焙烧可以使黏结剂、耐火材料等物质之间进行热物理化学反应，改变型壳的物相组成和显微组织，改善型壳的高温力学性能；同时，使型壳可以在要求的温度下浇注，以减少金属液与型壳的温度差，提高金属液的充型能力。在此工艺中，脱蜡阶段只是把蜡质的浇冒口系统熔失，而快速成型制成的聚苯乙烯（PS）粉末原型件则在焙烧过程中高温分解、汽化。这也是本工艺的难点所在。焙烧时杯口朝下，即模壳倒立放置并架空；进炉后，由室温焙烧至 950℃以上；小件焙烧 2 炉（约 1.5h），大件焙烧 3 炉或以上（约 3.0h 或以上），以便型腔（包括浇注系统和零件型腔）内残留物充分熔化流出，余量分解、消失，提高型腔清洁度。基于 SLS 的快速铸造技术一开始采用的烧结材料是聚碳酸酯（PC）粉末，在熔模铸造领域运用较为成功，后期推出的聚苯乙烯（PS）粉末烧结的温度更低、烧结变形小且成型性能优良，与 PC 材料相比，PS 粉末更加适用于熔模铸造工艺。

基于 SLS 的快速铸造技术的优势是：SLS 工艺中未烧结的粉末可以支撑模型的空腔和悬臂部分，故不需要像 SLA 和 FDM 工艺那样额外设计支撑，减少拆除支撑等后处理工艺，能够直接生产形状复杂的原型和部件。同时，以 PS 粉末作为烧结材料制作的烧结原型的燃烧分解温度比较低，能够有效避免在高温焙烧时型壳胀裂的问题。但是，采用 SLS 技术存在着原型零件强度低、容易翘曲变形而精度降低等问题，需要对烧结的原型零件进行后处理。例如，对 PS 粉末烧结原型零件进行渗蜡处理，提高原型零件的强度和表面质量，方便后续的挂浆制壳等工序。

三、基于 FDM 的快速铸造技术

基于熔融沉积成型（FDM）的快速铸造技术的工艺流程与前两种快速成型技术相同，也是利用熔融沉积成型设备打印原型作为熔模进行精密铸造，但与 SLA 和 SLS 工艺相比，采用 FDM 工艺进行铸造的成本更低。FDM 工艺采用的材料一般为热塑性材料，诸如蜡、ABS、PC 和尼龙等。基于 FDM 的快速铸造技术常常以蜡或者塑料等低熔点材料制作熔模，其中精铸蜡熔模铸造适应性极好、熔模烧失的时间短、熔模不变形且烧失后无任何残留物、铸件表面质量较好。

根据对 ABS 的热重分析，其仅在 150℃以上才开始外部软化，因此在砂型黏结过程中，它将承受所有可能的放热反应。因此，ABS 可在所有的砂型中使用。在 200℃到 300℃的范围内，它会软化并变成糨糊；在 300℃到 450℃之间燃烧；高于 570℃时逐渐转变为不黏灰烬，但温度达到 1050℃时，型壳上仍有残留的灰渣。

对于 ABS 熔模铸造，传统的浇铸口和排气口需要进行一些修改，以保证型壳焙烧后有较好的除灰效果。除灰过程中需要通入较低的气压和水进行冲洗，因此有必要在熔模上设置额外的通气孔，以改善除灰过程中空气和水的渗透性。通过切割浇注口末端也可以提高灰分去除的效率和便利性。在设计蜡模组树时，需要考虑浇注口和排气口位置，以便在焙烧之前将浇注口移除，这一点很重要。

四、直接快速模具嫁接制造

直接快速金属模具制造是快速成型的一个全新的应用领域，其显著地减少了生产原型和模具所需要的成本，缩短了研发周期。通过快速成型技术，在生产模具时可以在模具中设计随形冷却水道，从而减少了注射循环周期，大大提高了生产率。

五、快速铸造发展瓶颈

快速铸造是铸造业新兴的工艺方法，具有众多优点，能带来良好的经济效益。原型的成型质量控制对铸造起着至关重要的作用。目前，该技术的发展瓶颈和不足主要有：

（1）如何运用快速成型工艺缩短产品开发周期、降低成本、解决产品单件小批量生产难题的同时满足个性化定制的市场需求，是研究重点之一。

（2）由快速铸造的工艺特点可知，其对熔模材料的性能要求比较高，新材料的开发和运用可以显著改善铸件的质量，扩大快速铸造使用范围，因而大力开发新材料也是研究重点之一。

（3）原型制作精度有待提高。SLS 是快速铸造业应用较广泛的一种方法，但精度不能很好地得到保证，限制了快速铸造的发展。因此，原型制作精度也是一个亟须提高的问题。

（4）模型质量有待提高。RP 原型未经处理的原始粗糙表面是由分层、建造原理及原材料差异造成的台阶效应引起的。如何消除台阶效应，使不同快速成型模型都很好地落在可接受的误差范围内（0.050 ~0.254mm），并满足熔模铸造所需的表面质量的需求是迫切需要解决的问题。

（5）燃烧性能差使非蜡 RP 模型由于不完全脱蜡或残留灰烬导致铸造缺陷。故需要创新使用新工艺，以解决传统用水或压缩空气冲洗型壳时难以清除深陷在凹槽或密封腔内灰烬的难题。

第三节　3D 打印技术后处理

目前几乎所有的 3D 打印设备制造出的零件均是不可以直接使用的，都需要进行不同程度的后工艺处理方可使用，如清洁多余粉末、树脂材料，去除打印支撑结构，进行热处理、精加工等；并且没有任何一项技术能够对所有的 3D 打印零件进行后处理。

一、去除多余材料

（一）清洁多余打印材料

不管是粉末床工艺的 3D 打印，还是光聚合工艺的 3D 打印，在打印完成之后，工件周围都会存在多余的粉末或者树脂材料，这时就要通过清洗、毛刷清理、吸尘器吸附等后处理技术清理多余的材料，并且回收剩余打印材料，筛选过滤供以后使用。光聚合工艺通常采用纯度为 90%以上的酒精、丙醇或异丙醇等进行清洗作业以去除表面残留的树脂材料。

（二）去除支撑结构

3D 打印属于增材制造技术，加工过程中材料被逐层添加构成完整的零件。如同建筑施工需要添加支撑来保持墙壁和地板稳定，3D 打印过程中也需要设计大量的支撑结构，以防止零件在打印过程中下垂或者产生翘曲，特别是一些悬垂结构，如果不添加支撑根本无法打印成型。添加的这些支撑在打印之后需要用工具拆除。

二、表面加工

3D 打印工作原理是通过逐层叠加成型，但分层制造会存在台阶效应。尽管在切片处理时每层都离散得非常薄，但是在微观尺寸下，仍然是一定厚度的多级台阶，需要对这些台阶效应进行处理。打印成型件的表面质量受很多因素的影响，如打印材料、机器精度、打印速度、温度、三维数据模型质量和切片参数等都会影响成型件质量。为了解决成型件的表面质量问题，一般需要对成型件进行表面处理，例如，打磨、抛光、表面喷砂和电镀等。

（一）打磨、抛光

抛光可以分为物理抛光和化学抛光。

砂纸打磨是常见的物理抛光方法，其原则为：先粗后细，先用粗砂纸进行打磨，再逐步降低粗糙度进行精打磨。

化学抛光：对于 ABS 等材料可采用丙酮蒸汽进行抛光，如在通风处煮沸丙酮来熏蒸打印件，也可以采用市面上其他类型的抛光机；但是对于 PLA 材料不可采用丙酮抛光，该材料有专用的 PLA 抛光油。化学抛光时需要掌握好腐蚀的程度，因为化学抛光是通过腐蚀表面来达到抛光效果的。从整体上讲，目前的化学抛光还不够成熟，应用也不是很广泛，可以作为打印件后处理的备选方案。

（二）表面喷砂

表面喷砂是通过高速砂流的冲击作用来清洁和光亮打印件的表面。由于磨料对打印件表面存在较强的冲击和切削作用，使用喷砂工艺可以将打印件表面的污物、毛刺清除，获得一定的清洁度，并将工件表面抛光，提高工件的光洁度，展现一种均匀的金属色泽，使工件外表更美观、好看。

（三）电镀

电镀是利用电解作用在金属或者其他材料的表面附着上一薄层其他金属或者合金的工艺。经过电镀后的打印件可以防止锈蚀等金属氧化过程，获得装饰保护性和各种功能性的表面，还可以提升硬度，防止磨损，提高导电性、光滑性、耐热性和获得精美外观。

三、热处理

（一）热等静压致密化处理

热等静压（HIP）是将高温、高压集于一身的生产工艺。该工艺将工件置于密闭的高温、高压容器中，在高温高压的双重作用下工件烧结和致密化。由吴鑫华院士研发的近净成型热等静压工艺，和市面上大多数热等静压工艺完全不同，经该工艺处理后的增材制造部件在各性能上都得到了实质性的提高，尤其在微观组织和机械性能上有着高度的一致性与重复性。吴鑫华院士曾指出：增材制造技术在打印成型时不可避免地出现空洞和缺陷，这需要利用外力作用去消除，而热等静压是一个最好的选择。

（二）真空淬火/回火处理

根据使用的冷却介质的不同，真空淬火主要分为油淬、气淬和水淬。经过真空淬火的打印成型件表面依然光亮，不增碳也不脱碳，可以使今后要承受摩擦与接触应力的零件（如模具H43钢）的使用寿命提高几倍或者更高；而且真空淬火后的成型件大小和形状变形量小，通常可以省去“修变形”的机械加工处理，因此可以提高加工的经济效应，弥补增材制造成本偏高的不足。

真空回火是为了消除淬火之后产生的应力，稳定组织，将淬火后的打印件优良性能保持下来，如工件的表面光亮、不氧化、不脱碳和无腐蚀污染等。加工实践证明，真空回火处理后的增材制造TC4钛合金部件虽然强度跟常规处理效果相差无几，但是塑性得到了明显的提高。

（三）真空退火/正火处理

真空退火不仅可以改变增材制造零件的结构，细化组织，消除内部应力，而且在真空中加热可以防止氧化脱碳、除气脱脂和促使氧化物蒸发。因此，真空退火可进一步提高打印件表面光亮度和力学性能。

正火处理既可当作增材制造成型件的预备处理，也可作为最终热处理。将正火处理替代退火处理可以提高打印件的力学性能。对于工作环境受力不大的工件，正火处理可以替代调质处理作为最终热处理工艺，以简化工件的热处理工艺。正火热处理还可以作为采用感应加热方法开展表面淬火之前的预备热处理工艺。

（四）真空渗碳/渗氮处理

渗碳/渗氮是当下一种应用最广泛的热处理工艺。该工艺将工件置于活性渗碳、渗氮介质之后，加热时介质在工件表面分解出活性原子，经过吸收和扩散将碳、氮渗透进工件的表层，从而使工件表层的硬度、强度得到显著提升，而内部的原有成分不变，保持着良好的韧性和一定的强度。

四、后固化

尽管光敏树脂在激光扫描过程中已经发生聚合反应，但只是完成部分聚合作用，零件中还有部分处于液态的残余材料未固化或未完全固化（扫描过程中完成部分固化，避免完全固化引起的变形），3D 打印零件的部分强度也是在后固化过程中获得的。因此，后固化处理对完成零件内部材料的聚合、让 3D 打印提高零件最终力学强度是必不可少的。后固化时，零件内未固化光敏树脂发生聚合反应，体积收缩产生均匀或不均匀形变。

第四节　3D 打印技术与装配式建筑的融合

装配式建筑对于解决劳动力匮乏等问题具有优势，且具有绿色环保的特点，逐渐成为建筑行业的重点发展方向。信息化技术的发展助力装配式建筑创新，其中，BIM 技术和 3D 技术提升了装配式建筑整体水平和便捷性。鉴于此，针对传统式装配建筑应用中存在的问题，将 BIM 技术和 3D 打印技术相融合，从建筑场地布局模拟和节点可视化、预制构件的节点检测和吊装模拟、对工程量查询和实时漫游的实现、节点碰撞检测及后期运营维护的应用、3D 打印技术在工程建设中的应用等 5 个方面评估其在装配式建筑应用中的效果，以此探究技术融合前提下的装配式建筑发展方向，为推动我国装配式建筑发展提供理论支持。

一、运用 BIM 和 3D 打印技术于装配式建筑中的必要性

装配式建筑兴起于 20 世纪初，主要特点为建造速度快，此外装配式建筑所带来的建筑成本较低，因此在世界范围内逐渐推广开来。装配式建筑的主要结构类型包含了混凝土、钢以及现代木结构。在现代化工业中，装配式建筑的智能化和信息化使得其运用越

来越广泛。当遇到工程量较大的建设项目时，参与方众多、信息汇集和修改要求较多，使得预制构件的制作、组装和运输过程中容易受到干扰信息的影响，进而增加施工难度。且装配式建筑在设计、“四通一平”、施工、装修和安装调试方面对尺寸要求和信息的流通管理较多，其建筑投入的可适用性会对整体的建筑项目质量产生影响。随着人们的环保意识逐渐加强，建筑产业也在不断追求减噪、减排，而装配式建筑的应用恰好具有噪声低、污染少的特点，并且低成本、短工期等特点也使得装配式建筑得到了更强烈的社会关注。

BIM（Building Information Modeling，建筑信息模型）技术能够将建筑项目中的各种相关信息进行整合并构建起建筑模型，在应用中主要是将实际建筑物以虚拟状态来进行数字化展示，实现建筑物的全方面可视化。并且，利用 BIM 技术的协调性既可以进行统一化智能管理，也能够得出各个项目的实际运行情况和生产图表，从而有效避免工程失误，大幅地提高了工程效率。

3D 打印技术能将数字立体模型转化为具有复杂三维内部结构的数字化构件，能够直观检查图纸的合理性以实现设计的优化。将 BIM 技术和 3D 打印技术结合运用于装配式建筑，有助于在保证建筑项目正常运行的基础上对预前后果和预后后果进行预估和防范，促进设计的优化、效率的提高和工程质量的保证，提高装配式建筑的全寿命周期时间，减少安全隐患。

二、我国装配式建筑应用中存在的问题

虽然我国装配式建筑近几年发展迅速，但是与国外的装配式建筑技术相比，仍然存在较大的差距，主要表现于装配式建筑的项目实施标准中。装配式建筑的施工标准和传统的建筑类型具有较大差异，不仅仅体现于生产、监管中，项目的设计也较传统建筑施工有了巨大变化。此外，在我国的建筑施工监管政策中，尚存的管理措施未能够及时更新，不成熟的监管力度也会在一定程度上限制装配式建筑的发展。从施工过程而言，各个环节之间的沟通和协调不够紧密，从而造成工作纰漏，影响到项目质量和精度，且其构件的生产、项目施工与设计环节的脱离，也影响到了项目质量和进度。

三、基于 BIM 和 3D 打印技术在装配式建筑中的成果分析

（一）建筑场地布局模拟和节点可视化

项目施工受到产生场地大小和环境条件的限制，其干扰因素较多，且工程项目的分部事项多，难以进行信息的整理和调配，且建筑施工进度易受到动态变化。在装配式建筑初步设计阶段，借助 BIM 设计平台能将各专业数据进行交互细化，同时将准备阶段中的各个环节交互管理，实现不同专业之间的协同，对建筑施工期间的指标进行分析。利用 BIM 技术综合考虑施工机械、道路、设备等各种因素的基础上将项目地理条件和任务书等工程资料作为参数来构建三维模型，并以此来分析场地对建筑施工的影响，以便进行后期平整土地、空间定位和场地布置。三维信息模型对场地及其周边环境的动态分析，可以实现准确的空间布局，将场地区域按照运输要求进行区域划分，不同区域内的物资堆放不同，也能够使得建筑机械应用更为合理。同时，利用 BIM 模型对装配式建筑进行专业拆分和整合，特别是在密集建筑中，可以实现楼栋、楼层之间逐层分析，即可以从最底层来构建建筑机械模型，并以此将不同建筑机械整合连接。在此之后实现轻量化预制构件，搭建标准层，最后将各标准层相互连接形成总体 Revit 模型，并将其导成 Navisworks 轻量化格式，完成项目的总况展示。

（二）预制构件的节点检测和吊装模拟

施工吊装是建筑工业化中最重要的一个环节，传统的二维图纸难以对预制构件之间的节点进行检测，影响节点的连接质量和整体稳定性，进而对装配式建筑的防水和隔音效果产生影响。而 BIM 技术平台对借助 Tekla 软件建立预制构件钢筋 BIM 模型，能检测梁柱节点之间是否存在连接失误或遗漏问题，并根据检测结果对钢筋的间距和位置实现优化设计，降低了设计错误的发生率，有效排查了安全施工问题。BIM 技术管理平台可以有效对工程建设信息进行整合和交流，同时对涉及给排水及消防、通信通电、医用气体工程、污水处理等管线的排设可通过可视化碰撞检查以确保设计误差在合适的范围，有效降低了现场施工难度，提高了后期建设效率和工程质量的保证。通过 BIM 技术可以对各专业模拟进度计划，如吊装安置可通过分解施工顺序来降低其难度。安装环节的细分和模拟能有效减少施工过程中出现的失误。

BIM 技术的可视化模型能对各专业的布局和管线走向进行“错、碰、漏、缺”检测，较快发现管线中存在的问题，减少现场返工率。

（三）对工程量查询和实时漫游的实现

建筑工程量较大的项目，在施工过程中所带来的耗损、资源的调配和人员的分工在较短的时间内难以实现效率的最大化，设备构件和集装板房数量庞大，且需要在短时间内顺利开展生产、调运等工作，其质量的统一和规范难以得到较好的保证。BIM 技术管理平台可以对信息进行整合和管理，各生产单位根据平台所汇总的加工图和构件数量明细表生产出符合规格和质量要求的产品，进而避免了产品信息出错，影响工程进度，保证了施工的顺利开展。

总承办方和管理者可以借助 BIM 技术实现对人员的组织和协调管理，确保施工进度的有序开展和人员的合理利用，可视化的施工平面布置能根据施工的现状和进展进行合理性评估，及时有效地掌握其动态变化信息，为实现有效现场调整布置提供科学依据。

同时，BIM 三维模型在添加材质信息后，能够清晰地显示出实时动态变化的三维建筑施工图，突破了传统的二维图纸查看和现场信息勘查视角受限的问题，使得管理者可以在任意时间点掌握各项节点和分项目的建设进程，以保证整体工程项目的推进。在 BIM 技术支持下的三维建筑模型，具有更为完整的建筑施工信息，也就是说在实际施工过程中，利用 BIM 的三维模型可以将更多的建筑信息进行可视化展示，同时对施工进程也能够实时管理，也就实现了实时漫游。实时漫游的实现不仅仅是提升管理人员在施工进程中的管理便捷性，也能够对建筑施工的计划和任务作出更为精准的判断和更改，在降低了施工周期前提下，提升了建筑施工的整体质量。

（四）节点碰撞检测及后期运营维护的应用

建设工程项目作为涵盖建筑、结构、机电等多专业、多方面的集合整体，在对其整体进行碰撞检测时，大量的碰撞信息会使得工作内容加重，易造成检查疏漏，进而对工程的项目质量产生影响。

利用 BIM 技术，在 Navisworks 软件检测下通过图片形式展示出碰撞点，此外利用表格反映出碰撞中的数据检测信息，同时　　将检测结果进行完善导出，最后在不断重复的碰撞检测中对检测过程进行优化，减少后期施工进程中的设计变更，以此减少施工设计中的成本支出，并且设计量的减少也推动了施工过程的进度。

而其中的施工进度也可以通过 BIM 技术进行实时监测。BIM 可视化展示中包含了施工计划，通过精进度模拟，可以对施工过程中的各个环节进行细分，将任务层次进行重建，优化施工流程。此外，在施工模拟途中，自动附着功能使得进度计划中的施工日期、阶段和区域完成情况与现实情况进行对比模拟，进而有助于掌握建设项目的实际进程和施工质量的保证。

（五）3D 打印技术在工程建设中的应用

3D 打印技术在建筑施工中的主要应用在于混凝土的堆积成型，3D 技术的引入极大程度上提升了施工效率，并且能够按照不同类型的墙体和房屋进行快速设计。经过特殊处理的混凝土材料对于墙体结构的设计，具有造价便宜且能较好解决房屋的承重问题，使墙体的结构性能和安全性有一定保障的优点。利用 3D 打印技术可以在应对如突发性公共卫生事件的情况下，直接进行小型隔离建筑建造。在装配式建筑中，3D 技术的引入可以很大程度上缩短产品的制造周期，有利于企业的成本控制。在打印过程中，只需要输入设定好的打印代码，控制机械臂运行，逐层打印最终形成混凝土实物，在较短的时间内可以对建筑体的设计成果具有一个较为直观的可视化呈现。其打印过程中的数据也会和 BIM 管理平台实现信息共享和传输，进而实现对 3D 打印装配式建筑中的成本、质量和安全等问题的动态化管理和检测。然后，借助装配技术对 3D 打印出来的建筑单体进行管线、水电等基础设施的安装，使其密封性能得到基本的保障。并且 3D 打印产品的可搬运性和回收性能满足环保要求，较高的回收利用率缩减了后续施工难度，在人员缺少的情况下能较好保证工期建设的推进和施工质量。

如疫情期间，利用 3D 打印出来的隔离病房单体具有受力均匀、抗风、抗震的特点，且其对隔离性和保温性有较好的保障。此外，3D 打印技术是一个多技术融合的产物，其中包括了图形绘制、计算机算法使用等，在建筑施工过程中的 3D 打印技术应用需要参与者了解施工流程，并对其中的细节了解透彻，这样才能完整地绘制出相应的 3D 实物图。同时，3D 打印是利用打印代码来控制打印机实现实物打印的，所以也需要参与者了解计算机中的代码运行规律，目的是方便对打印过程中出现的错误进行及时纠正，保证施工过程的连续性，提升建筑施工效率，降低施工中的成本。

第六章　3D 建筑打印技术的发展路径

第一节　3D 打印技术在建筑领域的应用

一、背景介绍

传统的建筑制造过程通常需要大量的人力和时间，且限制了设计的自由度。然而，近年来，3D 打印技术的快速发展为建筑行业带来了革命性的变化。3D 打印技术利用计算机控制的层层堆积方法，使得建筑构件可以直接从数字模型中打印出来，实现了高效、精确和可定制的建筑制造。

在过去几年中，许多建筑项目已经成功地采用了 3D 打印技术。这些项目展示了 3D 打印在建筑领域的潜力和优势。例如，通过 3D 打印技术，可以打印出具有复杂几何形状和结构的建筑构件，如曲线墙壁、螺旋楼梯等，这是传统建筑方法所无法轻易实现的。同时，3D 打印技术还能够提供更高的生产效率，节省时间和成本，减少材料的浪费。此外，通过 3D 打印技术，建筑师和设计师能够实现个性化的建筑设计，满足不同客户的需求。

除了以上优势，3D 打印技术在建筑领域还有减少对传统资源的依赖，推动可持续发展的潜力。使用可再生材料或再生材料进行 3D 打印可以减少对有限资源的消耗，并降低环境影响。

虽然 3D 打印技术在建筑领域的应用仍处于初级阶段，但已经取得了显著进展。随着 3D 打印技术的不断改进和成熟，它将为建筑行业带来更多创新和可能性。未来，我们可以预见到建筑领域将更广泛地采用 3D 打印技术，从而实现更高效、可持续和有创造性的建筑制造。

二、目的与意义

3D 打印技术在建筑领域的应用具有重要的目的和意义，主要包括以下几个方面：

（1）提高建筑制造效率：传统建筑制造过程通常需要大量的人力和时间，而使用 3D 打印技术可以大幅提升建筑制造的效率。通过将数字模型转化为实体建筑构件，可以实现自动化、连续和精确的生产过程，从而缩短建筑周期并降低人力成本。

（2）实现建筑设计的自由度：传统建筑制造方法对于复杂几何形状和结构的设计存在限制，而 3D 打印技术能够打印出各种复杂的建筑构件，实现设计师更加自由的创作。这使得建筑师能够在设计中展现更多的创新和个性化，满足不同客户的需求。

（3）支持可持续发展：3D 打印技术在建筑领域的应用可以减少对传统资源的依赖，并推动可持续发展。使用可再生材料或再生材料进行 3D 打印可以减少对有限资源的消耗，并降低环境影响。此外，3D 打印技术还可以减少建筑过程中的浪费，通过精确控制材料使用量来提高资源利用效率。

（4）实现个性化和定制化设计：3D 打印技术为建筑师和设计师提供了更大的自由度，可以根据客户需求和个性化要求进行定制化建筑设计。这种个性化设计不仅可以提高用户体验，还可以满足特殊需求，并为建筑行业带来更多创新和差异化竞争优势。

综上所述，3D 打印技术在建筑领域应用的目的与意义在于提高建筑制造效率、实现建筑设计的自由度、支持可持续发展并促进个性化和定制化设计。通过引入 3D 打印技术，建筑行业能够迈向更高效、创新和可持续的未来。

三、3D 打印在建筑构件制造中的应用

（一）墙壁、柱子和梁的打印

在建筑构件制造中，3D 打印技术可以广泛应用于墙壁、柱子和梁的打印。下面是对

这些应用的详细说明。

（1）墙壁的打印：使用 3D 打印技术可以直接打印出具有复杂几何形状的墙壁。在传统建筑中，墙壁通常由砖块或混凝土组成，需要进行砌筑和浇筑。而通过 3D 打印，可以根据设计师的要求打印出各种曲线、波浪或其他非传统形状的墙壁。此外，3D 打印还可以实现墙壁内部的空腔结构，以提高隔热性能和节约材料。

（2）柱子的打印：传统柱子的制造通常需要模板和浇筑过程。而通过 3D 打印技术，可以直接将柱子从数字模型中打印出来，无需额外的模板和浇筑工作。3D 打印可以实现柱子的自由形状设计，如螺旋形、曲线形或任意几何形状。这为建筑师提供了更大的设计灵活性，同时提高了柱子的精确度和质量。

（3）梁的打印：传统梁的制造常常需要进行模板和浇筑。而通过 3D 打印技术，可以直接将梁从数字模型中打印出来，避免了烦琐的模板制作过程。3D 打印可以实现梁的复杂几何形状，例如曲线形、空腔结构或其他特殊设计。这样的梁设计可以提供更好的结构性能，并且可以根据具体需求进行优化。

（二）结构件和支撑件的制造

在建筑领域，3D 打印技术可以应用于结构件和支撑件的制造。这些构件在建筑中扮演着重要的角色，即支撑和保持整体结构的稳定性。以下是关于 3D 打印在结构件和支撑件制造方面的说明。

（1）结构件的制造：使用 3D 打印技术可以直接打印出各种复杂形状的结构件。传统建筑中，结构件通常由钢筋混凝土或钢材制成，需要进行切割、焊接和组装等加工过程。而通过 3D 打印，可以根据设计师的要求将结构件从数字模型中直接打印出来，无须额外加工。这样可以实现更高精度、更自由的设计，并提高结构件的质量和可靠性。

（2）支撑件的制造：支撑件在建筑中用于支撑和固定其他构件。它们通常需要特定的形状和尺寸，以满足结构的要求。通过 3D 打印技术，可以根据建筑设计的需要，将支撑件从数字模型中定制打印出来。3D 打印可以实现复杂的空腔结构、内部芯片和定制化连接部件，提供更高的强度和刚度，并确保支撑件与其他结构件的良好配合。

（3）创新设计和优化：通过 3D 打印技术，建筑师和设计师能够探索新颖的结构设计和优化方案。3D 打印具有自由度高、灵活性强的特点，可以实现各种复杂的几何形状和内部结构。这使得结构件和支撑件可以根据具体要求进行个性化设计，并在结构优化中发挥更大的作用。例如，通过 3D 打印技术，可以设计出轻量化的结构件和支撑件，提高材料利用率并降低建筑负荷。

（三）板材和模板的打印

在建筑领域，3D 打印技术也可以用于板材和模板的打印。以下是对这些应用的详细说明。

（1）板材的打印：传统建筑中，使用木材、金属或塑料等材料来制作板材，需要经过切割、加工和组装等步骤。而通过 3D 打印技术，可以直接将板材从数字模型中打印出来，无须额外的加工。3D 打印可以实现各种复杂形状和设计要求的板材，例如曲线形、波浪形或其他特殊形状。这样的板材设计可以提供更高的结构强度和美学效果，并且减少了材料浪费。

（2）模板的打印：在建筑施工中，常需要使用模板来辅助浇筑混凝土或其他材料。传统的模板制作过程通常耗时耗力，需要进行大量的加工和组装。而通过 3D 打印技术，可以根据具体需求和设计要求，将模板直接从数字模型中打印出来。3D 打印可以实现高精度和个性化的模板设计，可以满足不同项目的要求，并提高施工效率。

通过 3D 打印技术打印板材和模板具有以下优势和意义。

（1）精确度和一致性：3D 打印可以实现高精度的制造，确保板材和模板的尺寸和形状符合设计要求，并提供一致性的产物。

（2）定制化设计：利用 3D 打印技术，可以根据特定项目的需求进行个性化设计，满足建筑师和设计师的创新想法，实现更复杂、独特的形状和结构。

（3）资源节约和可持续性：通过 3D 打印技术，可以减少材料的浪费和能源的消耗。只需打印所需的材料量，而不需要额外的切割或加工过程。

（4）提高施工效率：使用 3D 打印的板材和模板可以快速制造，减少施工时间并提高施工效率。这对于大型建筑项目或需要重复使用的模板尤为重要。

综上所述，3D 打印技术在建筑领域的板材和模板制造方面具有重要的应用潜力。它可以提供精确、定制化的设计，并通过资源节约和提高施工效率来推动建筑行业向更创新、高效和可持续的方向发展。

四、3D 打印在建筑外观设计中的应用

（一）外立面的打印与装饰

3D 打印技术在建筑外立面的制造和装饰方面具有广泛应用。以下是对这些应用的详细说明。

（1）外立面的制造：传统建筑外立面通常由砖、石材或金属板等材料构成，需要进行切割、组装和安装等工序。而通过 3D 打印技术，可以直接将外立面从数字模型中打印出来，无须额外的加工和安装步骤。3D 打印技术可以实现各种复杂的几何形状和纹理设计，例如，曲线、波浪、格栅等，为建筑赋予独特的外观和美学效果。

（2）外立面的装饰：除了基本的结构功能外，外立面也经常用于装饰和个性化设计。通过 3D 打印技术，可以在外立面上添加各种装饰元素，如浮雕、图案、凹凸纹理等。这些装饰元素可以根据建筑师和设计师的要求进行定制，并提供更多创意和艺术性。此外，3D 打印还可以实现可变的装饰效果，例如，光影效果或动态装饰，增强建筑的表现力。

（3）材料选择和可持续性：通过 3D 打印技术，可以使用各种材料来制造外立面，如塑料、金属、陶瓷等。这使得设计师可以根据需求选择合适的材料，并在外立面的制造过程中降低对有限资源的依赖。此外，采用可再生材料或回收材料进行 3D 打印也可以提高建筑的可持续性。

（4）快速制造和安装：3D 打印技术可以快速制造外立面构件，并减少施工时间。这对于大型建筑项目或需要快速完成的项目尤为重要。另外，由于 3D 打印构件可以直接从数字模型中打印出来，安装过程更加简化，减少了人力和时间成本。

（二）定制化建筑外观设计

3D 打印技术可以实现建筑外观设计的定制化，为建筑师和设计师提供更多的创作自由和灵活性。以下是关于 3D 打印在定制化建筑外观设计方面的说明。

（1）自由度高：3D 打印技术可以实现各种复杂的几何形状和结构，包括曲线、波浪、网格等。这使得建筑师能够创造出独特且个性化的外观设计，超越传统建筑材料和构造的限制。通过 3D 打印，可以以数字模型的方式直接将设计想法转化为实际建筑元素。

（2）定制化设计：借助 3D 打印技术，建筑师可以根据具体项目的需求和客户的要

求进行定制化设计。无论是独特的立体形状、特殊纹理还是个性化的装饰细节，都可以通过 3D 打印来实现。这样的定制化设计能够满足不同项目的需求，并在建筑中展现个性和创意。

（3）节约资源和成本：使用 3D 打印技术进行定制化建筑外观设计可以减少材料的浪费和能源的消耗。传统建筑外观设计常常需要进行大量的切割和加工，而 3D 打印可以直接将建筑元素从数字模型中打印出来，减少了材料的浪费和额外加工的成本。

（4）快速制造和安装：通过 3D 打印技术，建筑外观设计的构件可以快速制造和安装。3D 打印技术可以实现快速、高效的生产过程，减少施工时间并提高工作效率。这对于需要迅速完成项目的场景尤为重要。

（5）创新与实验：3D 打印技术为建筑师和设计师提供了一个实验和创新的平台。他们可以通过不断尝试和探索使用不同材料、形状和结构的设计方案，开发出前所未有的建筑外观设计。

五、3D 打印在快速建筑中的应用

（一）自动化打印系统的使用

使用 3D 打印自动化打印系统可以提高生产效率、减少人工干预，并实现大规模和连续的打印。以下是关于使用 3D 打印自动化打印系统的一些说明。

（1）数字设计和准备：在使用 3D 打印自动化打印系统之前，首先需要进行数字设计和准备工作。建筑师或设计师使用计算机辅助设计软件（CAD）创建建筑元素的数字模型，并进行必要的准备工作，如切割、拼接、支撑结构等。

（2）打印参数设置：通过 3D 打印自动化打印系统的控制界面，设置打印参数，包括层厚、填充密度、打印速度等。这些参数会影响打印质量、时间和材料的使用效率。

（3）材料供给和控制：将所需的打印材料加载到自动化打印系统中，并确保材料供给的稳定性。某些系统可能还需要温度控制或其他特殊的材料处理要求。

（4）自动化打印过程：启动自动化打印系统后，它会按照预设的参数和设置开始自动打印。系统会逐层地将材料加工成物体，直到完成整个打印过程。自动化打印系统通常具有精确的位置控制和运动平台，以确保打印质量和准确性。

（5）监控与维护：在自动化打印过程中，可以通过监测系统状态和打印进度来实时了解情况。一些系统还提供故障检测和报警功能，以便及时处理问题。此外，定期进行设备维护和清洁工作也是确保系统正常运行的重要步骤。

（6）后处理和加工：完成打印后，需要对打印件进行后处理和加工。这可能包括去除支撑结构、清洁表面、进行涂装或其他装饰等，以达到所需的最终效果。

使用 3D 打印自动化打印系统的优点包括：

（1）提高生产效率：自动化打印系统可以连续和高效地进行大规模打印，减少了人工操作和干预，提高了生产效率和工作速度。

（2）精确性和一致性：自动化打印系统具有精确的位置控制和重复性，可以保证打印质量和一致性，并减少因人为因素而引起的误差。

（3）节约成本和资源：自动化打印系统可以减少人工干预和材料浪费，提高使用效率，并减少额外的人力和时间成本。

（4）灵活性和定制化：通过 3D 打印自动化打印系统，可以满足不同项目和需求的定制化设计，实现灵活的生产和多样化的产品。

（二）3D 打印机器人的应用

3D 打印机器人是将传统的 3D 打印技术与机器人技术相结合的创新应用。它具有许多潜在的应用领域，以下是一些常见的应用示例：

（1）建筑建造：3D 打印机器人可以用于建筑物的建造过程。它们可以根据预先设计好的数字模型，通过添加材料逐层打印出建筑元素，如墙体、柱子和梁等。这种方法可以减少人工操作和加速施工进程，同时实现更复杂的形状和结构设计。

（2）室内装饰：3D 打印机器人可以用于室内装饰和家具制造。例如，它们可以打印出定制化的灯具、装饰品、家具等，根据设计师和用户的要求进行个性化的定制。这样的应用能够为室内设计提供更多样化和创意化的选择。

（3）制造业：3D 打印机器人可以应用于制造业中的零部件生产和原型制作。通过使用 3D 打印机器人，可以快速、高效地制造出复杂的零部件，并降低物料浪费和生产成本。它还可以用于快速打印原型，加快产品开发和测试的速度。

（4）医疗领域：3D 打印机器人在医疗领域的应用也非常广泛。它们可以用于打印医疗器械、义肢和假体等。通过使用 3D 打印机器人，可以根据病人的具体需求定制医疗器械，并提供更好的适配性和舒适度。

（5）教育和研究：3D 打印机器人也被广泛用于教育和研究领域。学生和研究人员可以通过操作 3D 打印机器人来学习和研究 3D 打印技术的原理和应用。这种实践性的学习方式可以帮助他们更深入地理解和应用该技术。

六、3D 打印在定制化建筑中的应用

（一）个性化建筑设计

3D 打印技术为个性化建筑设计提供了许多新的可能性。以下是关于使用 3D 打印实现个性化建筑设计的一些要点。

（1）定制化设计：3D 打印技术使得建筑师能够以更高的自由度和灵活性进行定制化设计。通过将数字模型直接转化为实际建筑元素，可以根据具体项目需求和客户要求进行个性化设计。这意味着可以实现独特的形状、结构和装饰细节，创造出与众不同的建筑外观。

（2）复杂形状和结构：传统建筑技术往往限制了建筑物形状和结构的复杂性。而 3D 打印技术可以打印出各种复杂的几何形状和结构，包括曲线、波浪、螺旋等。这使得建筑师可以探索更大胆的设计想法，并创造出独特而富有表现力的建筑形态。

（3）材料选择和组合：3D 打印技术还可以在建筑设计中引入不同类型的材料选择和组合。通过使用不同的打印材料，如塑料、金属、陶瓷等，可以为建筑师提供更多的材料选项，以实现特定的外观效果和功能要求。此外，还可以在打印过程中将多种材料组合在一起，实现更复杂的建筑元素。

（4）快速原型制作：使用 3D 打印技术可以快速制作建筑设计的原型。这使得建筑师能够快速验证和调整设计概念，减少传统制造方法所需的时间和成本。通过实际触摸和观察 3D 打印的原型，建筑师可以更好地理解设计的空间感和比例，并进行必要的修改和改进。

（5）可持续性和资源利用：3D 打印技术可以减少建筑过程中的材料浪费和能源消耗。由于 3D 打印是逐层添加材料，因此可以精确控制每一层所需的材料量。这种精确性有助于减少废料产生，提高材料利用率，并降低对自然资源的依赖。

综上所述，3D打印技术为个性化建筑设计提供了许多机会。它使得建筑师能够创造出独特且具有表现力的建筑外观，探索复杂形状和结构的设计，选择多样化的材料组合，并加快原型制作的速度。通过使用3D打印技术，建筑师可以实现定制化设计和可持续发展的目标，为人们创造出与众不同的建筑环境。

（二）用户参与和互动性设计

3D打印技术为用户参与和互动性设计提供了新的机会。以下是关于如何利用3D打印来实现用户参与和互动性设计的一些要点。

（1）用户定制化设计：通过使用3D打印技术，用户可以参与到建筑或产品的设计过程中。他们可以通过在线平台或软件应用程序，选择、自定义和修改设计元素，如形状、尺寸、颜色等。然后，他们可以将他们的设计提交给专业人员进行3D打印，并最终获得符合个人需求和喜好的定制化产品。

（2）可交互的展示模型：借助3D打印技术，设计师可以创建可交互的展示模型，让用户能够更好地理解和体验设计概念。这些模型包括建筑物的小尺度模型、室内装饰的样品或产品的原型。用户可以触摸、旋转和操作这些模型，从而更好地理解设计的空间感、比例和功能。

（3）用户定制化产品制造：3D打印技术使得大规模生产个性化产品成为可能。通过与用户的互动和反馈，设计师可以根据用户的需求和偏好进行定制化产品的设计和制造。用户可以选择自己喜欢的材料、颜色和功能，并通过3D打印技术获得专属的产品。

（4）教育和创意表达：3D打印技术为教育机构和个人提供了一个全新的方式来探索设计和艺术。学生可以使用3D建模软件进行创作，然后将他们的设计通过3D打印变成真实的物体。这种亲身参与的过程可以激发学生的创造力和想象力，并帮助他们更好地理解设计原理和空间关系。

（5）反馈和改进：使用3D打印技术，用户可以更直观地了解设计的细节和功能，从而得到反馈和改进建议。他们可以对3D打印的原型进行试用和评估，以确定其符合需求和期望。这种用户参与和反馈有助于设计师不断改进和优化设计，以满足用户的需求和期望。

七、3D 打印在资源有效利用中的应用

（一）减少材料浪费

3D 打印技术在一定程度上可以减少材料浪费，以下是一些关于如何通过 3D 打印减少材料浪费的要点。

（1）精确的材料使用：传统的制造方法通常需要从大块材料中削减或切割出所需形状和尺寸的零部件，这会导致大量的材料浪费。而 3D 打印技术是逐层添加材料来创建物体的，因此可以精确控制每一层所需的材料量，减少浪费。

（2）增强设计自由度：3D 打印技术具有极高的设计自由度，可以实现更复杂的几何形状和结构，避免了传统制造方法中需要额外材料支撑的情况。这样可以降低材料浪费，并且在设计上可以更加创新和灵活。

（3）材料回收再利用：在 3D 打印过程中，未被使用的材料可以进行回收再利用。当打印完成后，未被固化的材料可以重新收集并回流到 3D 打印机中，用作下一次打印的材料。这种材料回收方式有效地减少了材料的浪费。

（4）原型制作的快速迭代：3D 打印技术在原型制作中具有很大优势。传统的原型制作过程通常需要手工加工和模具制作，而 3D 打印技术可以直接从数字模型中打印出原型，无须额外的加工步骤。这样可以节省材料和时间，并且可以在迭代设计过程中快速进行修改和改进。

（5）材料选择和优化：3D 打印技术提供了多种材料的选择，包括塑料、金属、陶瓷等。根据具体应用需求，可以选择最适合的材料，避免浪费。此外，通过优化设计和减少材料使用量，也可以进一步降低材料浪费。

（二）可持续材料的使用

3D 打印技术可以通过使用可持续材料来促进可持续发展。以下是一些关于如何在 3D 打印中使用可持续材料的要点。

（1）生物降解材料：生物降解材料是一种可持续的材料选择，能够在自然环境中分解和降解，减少对环境的影响。在 3D 打印中使用生物降解材料可以减少塑料污染和垃圾堆积问题。

（2）再生材料：再生材料是由废弃物或回收材料转化而来的材料，能够减少资源消耗和环境影响。通过使用再生材料进行 3D 打印，可以促进循环经济，并减少对原始材料的依赖。

（3）可再生能源：3D 打印过程中所需的能源也可以选择可再生能源，如太阳能或风能。使用可再生能源来供应 3D 打印设备的电力需求，有助于减少碳排放和化石燃料的消耗。

（4）可持续纤维材料：除了塑料材料外，还可以使用可持续纤维材料进行 3D 打印，如竹纤维、麻纤维、生物基复合材料等。这些材料不仅具有较低的环境影响，还具备良好的强度和耐用性。

（5）原材料优化：通过优化设计和减少材料使用量，可以降低对原始材料的需求。精确控制打印过程中的材料分配，避免浪费，进一步提高可持续性。

（6）材料回收再利用：在 3D 打印过程中，未被固化的材料可以进行回收再利用，减少材料浪费。回收并重新使用材料，有效地降低了资源消耗和环境负荷。

总的来说，3D 打印技术可以通过使用可持续材料、可再生能源和材料回收再利用等方式促进可持续发展。这有助于减少环境负荷和资源消耗，推动绿色制造和循环经济的实现。同时，鼓励创新和研发更多可持续材料的应用，将进一步提高 3D 打印技术的可持续性。

八、3D 打印在建筑修复和重建中的应用

（一）灾后重建

3D 打印技术在灾后重建领域具有巨大的潜力。以下是关于如何利用 3D 打印进行建筑灾后重建的一些要点。

（1）快速构建临时住所：3D 打印技术可以快速构建临时住所，为受灾人口提供安全和舒适的居住条件。相较于传统建筑方法，3D 打印能够在较短时间内完成建筑结构的建造，帮助灾区迅速恢复。

（2）精确定制化设计：通过 3D 打印技术，可以根据特定需求和场地条件，精确定制建筑物的设计和尺寸。这种定制化设计有助于最大程度地满足灾民的需求，并提供个性

化的解决方案。

（3）材料资源节约：3D 打印技术使用的材料通常比传统建筑方法中使用的材料更少。这减少了对有限资源的依赖，并降低了建筑过程中的材料浪费。

（4）可移动和可拆卸性：利用 3D 打印技术可以创建可移动和可拆卸的建筑结构。这对于灾后重建非常有益，因为它可以适应临时性的住宅需求，并且在需要时可以迁移或拆除。

（5）强度和耐久性：使用 3D 打印技术可以制造具有优异强度和耐久性的建筑结构。这对于抵御自然灾害的冲击非常重要，可提供更好的安全保障。

提供技术培训和就业机会：在灾后重建中引入 3D 打印技术，可以为当地人提供相关技术培训和就业机会。这将促进当地经济发展和社区复兴。

（二）建筑部件修复与替换

3D 打印技术在建筑部件修复与替换方面具有许多潜力，它可以提供以下优势：

（1）快速制造：使用 3D 打印技术，可以快速制造建筑部件。对于需要立即修复或替换的部件，这种技术可以大大缩短等待时间，并迅速恢复建筑的功能。

（2）定制化设计：通过 3D 打印技术，可以根据特定的建筑需求和部件的尺寸、形状进行定制化设计。这意味着可以根据现场要求，精确制造适应性强的部件。

（3）材料多样性：3D 打印技术可以使用各种材料，如塑料、金属、混凝土等。可以根据需要选用适当的材料来制造建筑部件，以满足其功能和耐久性要求。

（4）零废弃：使用 3D 打印技术可以实现精确的材料控制，只使用所需的材料来制造部件，减少浪费和成本。

（5）灵活性和可移动性：3D 打印技术可以生产出轻量化的建筑部件，使其易于运输和安装。这对于远程地区或需要临时修复的建筑非常有用。

（6）保留历史价值：对于具有历史和文化价值的建筑，使用 3D 打印技术可以精确复制受损部件，以保持原始建筑的完整性和美感。

然而，需要认识到，3D 打印技术在建筑修复与替换中仍然存在一些限制。例如，大型建筑部件的制造可能需要更大规模的 3D 打印设备，成本可能较高。此外，由于建筑结构涉及安全和稳定性问题，必须进行充分的工程分析和测试，以确保所打印的部件符合要求。

九、挑战和前景展望

（一）材料选择与性能要求

在选择 3D 打印材料时，需要考虑以下几个方面的性能要求。

（1）强度和耐久性：材料的强度和耐久性是关键因素。根据所需的应用场景和使用条件，选择具有足够强度和耐久性的材料，以确保打印出来的部件可以承受正常的工作负荷。

（2）热稳定性：某些应用可能需要材料具有较高的热稳定性，能够在高温环境下保持稳定性和性能。要确保所选材料能够满足预期的使用温度范围。

（3）刚性与柔韧性：根据所需的部件特性，可选择具有不同刚性或柔韧性的材料。一些应用可能需要刚性材料，而另一些应用则需要柔软和弹性的材料。

（4）耐化学腐蚀性：如果部件将暴露于化学物质或腐蚀性环境中，选择具有耐化学腐蚀性的材料是至关重要的。这样可以防止材料因接触到腐蚀性物质而发生损坏或降解。

（5）生物相容性：如果打印部件将与人体或生物接触，确保所选材料具有良好的生物相容性和医学级别的安全性是必要的。

（6）可持续性：考虑选择可持续和环境友好的材料，如生物降解材料或再生材料。这有助于减少对环境的负面影响，并推动可持续发展。

除了以上列出的性能要求，还应根据特定应用的需求进行具体评估。此外，还要考虑到材料的成本、供应可靠性以及 3D 打印机兼容性等因素。

（二）结构强度和建筑标准

在使用 3D 打印技术进行建筑结构的制造时，确保其强度符合建筑标准是至关重要的。以下是一些与 3D 打印结构强度和建筑标准相关的要点。

（1）材料选择：选择适合建筑结构应用的强度和耐久性材料非常重要。不同的 3D 打印技术和材料可能具有不同的强度特性。要确保所使用的材料符合或超过当地建筑标准对于结构性能的要求。

（2）结构设计：结构设计是确保建筑结构具有足够强度的关键。通过充分了解 3D 打印技术的限制和机器参数，以及对结构力学的理解，可以进行优化的结构设计。这包括考虑荷载传递、应力分布和变形等方面。

（3）工程分析：在使用 3D 打印技术进行建筑结构制造之前，进行工程分析是必要的。这包括结构力学计算、有限元分析和模拟等，以评估结构的强度和稳定性，确保其满足建筑标准和安全要求。

（4）标准遵从：确保 3D 打印建筑结构符合当地或国家的建筑标准和规范要求。这些标准涵盖了结构强度、安全系数、荷载承载能力、防护性能等方面。

（5）测试和验证：在实际使用之前，进行结构强度和性能的测试是必要的。通过进行加载测试、材料测试和模拟性能验证，可以确保 3D 打印结构的实际强度与设计预期一致。

（6）安全审查：在建造 3D 打印建筑结构之前，必须获得相应的安全审查和许可。这包括从当地政府或相关机构获得适用的建筑许可并满足相关法规和标准。

需要注意的是，由于 3D 打印技术相对较新，在某些地区，可能还没有明确的建筑标准和指导方针来针对 3D 打印建筑结构。因此，在使用 3D 打印建筑结构时，可能需要与相关专业人士和当局合作，确保其符合所有适用的建筑法规和安全要求。

（三）成本和可行性考虑

在考虑使用 3D 打印技术时，成本和可行性是需要仔细评估的关键因素。以下是一些与 3D 打印成本和可行性相关的要点。

（1）初始投资：3D 打印设备及其相关硬件、软件和材料等的购买和设置可能涉及较高的初始投资。这包括选择适当的 3D 打印技术和机器类型，并考虑其性能、生产能力和可靠性。尽管价格范围广泛，但需要确保所选设备符合预期的需求和质量标准。

（2）材料成本：不同类型的 3D 打印材料具有不同的成本。这包括塑料、金属、陶瓷等多种材料。需要考虑到所需部件的大小、打印时间和材料消耗量等因素，并在成本和性能之间进行权衡。

（3）劳动力成本：对于大规模 3D 打印建筑项目，人工操作和维护设备可能需要额外的劳动力。必须考虑到所需的技术培训和操作人员的雇佣成本。

（4）设计和准备成本：在使用 3D 打印技术之前，需要进行设计和准备工作，以创建数字模型和准备打印文件。这涉及专业设计软件和人力资源的成本。

（5）时间和生产效率：3D 打印通常需要较长的时间来完成部件的制造，尤其是对于大型建筑结构。需要评估打印时间与项目进度和工期之间的关系，并确保在可接受的时间范围内完成工作。

（6）可行性考虑：除了成本，还要考虑 3D 打印技术在特定项目中的可行性。这包括材料供应、设备维护和可靠性、适用的设计和结构要求等方面。必须仔细评估技术限制、可行性研究和实际应用的案例，以确定 3D 打印技术的适用性和经济性。

（7）需要注意的是，随着 3D 打印技术的不断发展和市场竞争的加剧，成本可能会逐渐下降。同时，随着更多成功案例的出现，对于 3D 打印建筑的可行性和效益也将得到更全面的评估。因此，在决策过程中，需要综合考虑成本和潜在的经济收益，并进行经济分析和风险评估，以做出明智的决策。

第二节　建筑业 3D 打印技术的发展阻碍

一、材料选择限制

传统建筑材料与 3D 打印材料的差异，限制了 3D 打印技术在建筑领域的应用范围。目前可用于建筑 3D 打印的材料还相对有限，对于大规模建筑项目的需求可能无法满足。

一项关键的因素，限制了建筑业中 3D 打印技术的发展，这就是材料选择的限制。以下是一些与材料选择有关的问题和挑战：

1.材料性能和适用性

目前可供建筑 3D 打印使用的材料种类相对有限，大多数是特殊设计的打印材料。

部分材料不能满足建筑结构的某些要求，如强度、耐久性、防火性等。

部分材料缺乏环境友好性，对可持续发展目标构成障碍。

2.可行性和经济性

一些材料在 3D 打印过程中的可行性和稳定性仍存在疑虑，其打印性能、粘附性和可控性等方面仍需要改进。

某些合适的打印材料价格昂贵，增加了项目成本，并限制了 3D 打印技术在商业建筑中的应用。

3.标准化和认证

缺乏统一的建筑材料标准和认证体系，导致 3D 打印材料的质量和性能无法得到统一验证。

建筑领域的相关标准和规范尚未充分适应 3D 打印材料，因此缺乏相应的检测和评估方法。

4.可持续性要求

建筑业对可持续性的关注日益增加，需要更环保、可再生的材料来满足绿色建筑的要求。

目前的 3D 打印材料中，可持续性材料的选择和开发仍然较为有限，限制了其在可持续建筑项目中的应用。

解决这些材料选择限制的挑战需要进行更多的研究和创新。要推动新材料的开发和测试，并与行业标准化组织合作，确保 3D 打印材料的质量和性能得到认证。此外，还要推动可持续性材料的开发，并加强跨学科研究，以提高材料的性能和适用性，促进建筑业中 3D 打印技术的发展。

二、成本高昂

3D 打印设备的购买和维护成本较高。使用专门设计的、符合 3D 打印要求的建筑材料通常比传统建筑材料更昂贵。

成本是限制建筑业中 3D 打印技术发展的一个重要因素。以下是一些与成本高昂相关的问题和挑战。

1.设备成本

3D 打印设备的购买和维护成本相对较高。

大规模的建筑项目可能需要更大型、更先进的 3D 打印设备，这会增加投资和运营成本。

2.材料成本

与传统建筑材料相比，专门设计用于 3D 打印的建筑材料通常价格较高。

某些特殊材料可能需要定制生产，进一步提高了成本。

3.劳动力成本

3D 打印技术在建筑领域的使用需要专业的操作人员和工程师，对于他们的培训和招聘成本较高。

在某些情况下，还需要额外的劳动力来进行后处理工作，如清理、涂层和装配等。

4.施工周期延长

目前，3D 打印建筑通常需要较长时间来完成，这导致施工周期延长。长时间的施工周期可能引起额外的人工和管理费用。

5.缺乏经济规模效应

3D 打印技术在建筑领域尚处于初级阶段，市场上的需求和供应相对较少。缺乏大规模使用 3D 打印技术的案例，难以实现经济规模效应，限制了成本的降低。

为解决成本高昂的问题，需要推动相关技术的发展和创新，以降低设备、材料和劳动力成本。此外，促进行业合作和知识共享，加强供应链管理和优化，可以帮助降低 3D 打印建筑的成本。随着技术的进步和市场的扩大，预计 3D 打印技术的成本将逐渐下降，并在建筑领域中得到更广泛的应用。

三、技术限制

当前 3D 打印技术在建筑领域仍面临许多技术挑战，如打印速度慢、精度不够高等问题。对于大型建筑物的打印需要更高的打印速度和精度，目前的技术尚难以满足。以下是其中一些主要问题。

1.打印速度

当前的 3D 打印技术在建筑领域中的应用通常需要较长的时间来完成。大型建筑物的打印可能需要数天甚至数周的时间，这与传统建筑施工速度相比较慢。

2.精度和质量控制

3D 打印过程中的精度和质量控制仍然是一个挑战。对于建筑结构的准确性和强度要求较高，目前的技术尚难以实现高精度的打印。

3.尺寸限制

目前可用的 3D 打印设备在尺寸方面存在限制，无法满足大型建筑项目的需求。对于一些特殊形状或非常大的结构，3D 打印技术可能无法适用。

4.材料选择限制

如前所述，建筑领域的 3D 打印材料种类相对有限。某些特殊的建筑材料可能无法被用于 3D 打印，限制了材料选择的范围。

5.建筑复杂性

一些建筑结构具有高度复杂的几何形状和内部结构。目前的 3D 打印技术难以满足这种复杂性的需求，对于特殊构件的打印还需要改进。

为了克服这些技术限制，更多的研究和创新是必要的。不断提高 3D 打印设备的速度和精度，开发更适用于建筑的新材料，并改进设计和建模软件，以便更好地实现建筑复杂性的打印。此外，与建筑行业相关的科学家、工程师和设计师之间的合作，也可以推动 3D 打印技术在建筑领域的进步和创新。

四、法律和监管问题

在一些国家和地区，建筑行业的法律和监管框架尚未完全适应3D打印技术的应用。缺乏相关政策和规定可能导致法律风险和责任问题。以下是其中一些主要问题。

1.缺乏相关法律框架和规定

当前，针对建筑行业中 3D 打印技术的应用，许多国家和地区还没有完善的法律框架和规定。缺乏明确的法律指引和标准可能导致不确定性，增加了法律风险和责任问题。

2.知识产权保护

在 3D 打印过程中，设计文件和模型可以被复制和共享，这带来了知识产权保护的挑战。

如何保护设计师、建筑师和知识产权所有者的权益，以及如何管理和监管 3D 打印文件的使用和传播，需要进一步解决。

3.建筑安全和质量控制

3D打印技术在建筑领域中的应用涉及结构、安全和质量等方面，而目前缺乏相应的法律和监管措施来确保3D打印建筑的安全性和质量。

4.法律责任和保险问题

3D打印建筑涉及多方合作，包括设计师、建筑师、施工方等。在发生问题或事故时，责任追溯和分配可能面临困难，需要明确相关法律责任和保险机制。

为了解决这些法律和监管问题，需要政府、专业机构和行业相关方共同努力，制定相关法律法规，确保3D打印建筑符合安全标准和质量要求。加强知识产权保护，鼓励创新和技术交流，同时保护知识产权的权益。此外，建立合适的责任分配和保险机制，以应对潜在的风险和纠纷。通过这些举措，可以构建一个支持建筑业中3D打印技术发展的可靠和稳定的法律和监管环境。

五、接受度和文化因素

一些人对于新兴技术持保守态度，缺乏对于3D打印技术在建筑领域的认同和接受度。建筑行业的传统文化和习惯难以轻易改变，对于新技术的应用存在一定的阻碍。以下是与接受度和文化因素相关的一些考虑。

1.教育和意识

3D打印技术仍然相对新颖，许多人可能对其了解有限。教育和宣传活动可以帮助提高公众对该技术的认识和理解，增加公众的接受度。

2.经济因素

成本是一个重要的考虑因素。3D打印技术的设备、材料和维护成本可能会对其接受度产生影响。经济条件较好的地区可能更容易接受3D打印技术。

3.文化传统和审美偏好

建筑和设计具有强烈的文化和审美特征。某些地区更加倾向于传统建筑方法，对于使用3D打印技术进行设计和建造可能存在一定的保守态度。

4.可行性和适用性

特定地区或文化背景可能对3D打印技术的适用性有所关注。例如，一些地区拥有丰富的建筑材料资源，而不太需要依赖于 3D 打印技术。

第三节　3D 打印建筑的应用现状与发展

一、应用现状

目前，3D 打印在建筑领域的应用正逐渐增加。以下是一些 3D 打印建筑应用的现状。

（1）建筑结构和组件：3D 打印技术可以制造建筑结构和组件，如墙体、柱子、梁等。这种方法可以减少传统施工的时间和人力成本，并提供更高的设计自由度。一些示范项目已经成功地使用了 3D 打印技术来打印出建筑的结构。

（2）模块化建筑：3D 打印技术可以生产模块化的建筑元素，例如，预制墙板、屋顶和楼梯。这些模块可以在工厂中进行打印和组装，然后直接运送到建筑现场，从而加快施工速度。

（3）住房解决方案：3D 打印技术被用于解决住房短缺和紧急救灾问题。它可以在短时间内打印出临时住房或重建受损的建筑。一些国家已经开始尝试使用 3D 打印技术来解决低收入群体的住房需求。

（4）创意建筑设计：3D 打印技术使得建筑师能够实现更加有创意和复杂的建筑设计。通过使用先进的 3D 建模软件和打印设备，设计师可以打印出独特形状和结构的建筑物。

（5）城市基础设施：3D 打印技术还被用于创建城市基础设施，如桥梁、公共艺术品和景观元素。这些项目展示了 3D 打印技术在城市环境中的潜力和创新能力。

虽然 3D 打印建筑应用正在发展，但仍存在一些挑战，如材料选择、质量控制和法律监管等问题。随着技术的不断改进和经验的积累，预计将会出现更多创新解决方案，并逐渐实现 3D 打印在规模化建筑项目中的商业应用。

二、发展路径

3D 打印建筑的发展路径可以分为以下几个阶段。

（1）原型和模型阶段：早期的应用主要集中在使用 3D 打印技术制造建筑原型和模型，以帮助设计师和建筑师可视化和验证他们的设计概念。

（2）结构组件打印阶段：随着 3D 打印技术的进一步发展，人们开始尝试使用该技术来打印建筑结构组件，如墙体、柱子和梁等。通过精确控制材料的使用，可以实现更高的设计自由度，并降低传统施工方法所需的时间和成本。

（3）模块化建筑阶段：在这个阶段，3D 打印技术被用于打印建筑的模块化元素，例如，预制墙板、屋顶和楼梯。这些模块可以在工厂中进行打印和组装，然后直接运送到现场，从而加快施工速度。

（4）住房解决方案和紧急救灾阶段：这个阶段强调使用 3D 打印技术来解决住房短缺和紧急救灾问题。通过在短时间内打印出临时住房或重建受损的建筑，可以得到快速、可伸缩的解决方案。

（5）高度个性化和定制化阶段：在未来，3D 打印技术有望实现更个性化和定制化的建筑设计。这将使建筑能够根据用户需求进行高度定制，并满足不同用户的特定要求。

（6）规模化商业应用阶段：随着技术的进一步成熟和经验的积累，预计 3D 打印建筑将逐渐实现在规模化建筑项目中的商业应用。对此，首先需要解决材料选择、质量控制、法律监管和成本效益等问题。

尽管 3D 打印建筑的发展路径仍在不断演变，但随着技术的不断进步和创新的推动，预计将会出现更多的应用和解决方案，为建筑行业带来更大的改变和发展。

参考文献

[1]陈智勇，李洲稷，黄晓婧.3D 建模和 3D 打印技术[M].西安：西安电子科学技术大学出版社，2021.

[2]朱红，易杰，谢丹.3D 打印技术基础[M].武汉：华中科技大学出版社，2021.

[3]杨继全，郑梅，杨建飞，朱莉娅.3D 打印技术导论[M].南京：南京师范大学出版社，2016.

[4]王迪，杨永强.3D 打印技术与应用[M].广州：华南理工大学出版社，2020.

[5]李华雄，张志钢.3D 打印技术及应用[M].重庆：重庆大学出版社，2021.

[6]刘彦伯，孔琳.3D 打印技术[M].北京：北京大学出版社，2021.

[6]张少军，李家阳，杨晓玲.3D 打印建筑[M].北京：中国电力出版社，2018.

[7]刘少岗，金秋.3D 打印先进技术及应用[M].北京：机械工业出版社，2020.

[8]门正兴，白晶斐，银赢.3D 打印技术应用丛书 3D 打印技术与成形工艺[M].重庆：重庆大学出版社，2022.

[9]范幸义，张勇一.装配式建筑[M].重庆：重庆大学出版社，2017.

[10]刘美霞，陈伟，沈士德.装配式建筑概论[M].北京：北京理工大学出版社，2021.

[11]卢军燕，宋宵，司斌作.装配式建筑 BIM 工程管理[M].长春：吉林科学技术出版社，2022.

[12]段虎明.3D 打印技术基础篇[M].重庆：重庆大学出版社，2021.

[13]丁美荣，王同聚，朱杨林.3D 打印技术应用与实战[M].北京：中国铁道出版社，2021.

[14]王承文，郭谆钦.3D 打印技术应用研究[M].北京：中国财富出版社，2020.

[15]杨继全.异质材料 3D 打印技术[M].武汉：华中科技大学出版社，2019.

[16]宋凤莲，陈东.3D 打印技术实训教程[M].武汉：武汉大学出版社，2019.

[17]王永信，宗学文.光固化 3D 打印技术[M].武汉：华中科技大学出版社，2018.

[18]杨琦，糜娜，曹晶.3D 打印技术基础实践[M].合肥：合肥工业大学出版社，2018.

[19]胡元元，马慧，姚亮，李荣，赵健，蔡晓亮.低水化热低收缩 3D 打印建筑材料试验研究[J].新型建筑材料，2023 ，50(05)：111-115.

[20]陈欢欢，潘宠.大型原位 3D 打印建筑设备的设计应用[J].建筑机械化，2022，43(11)：94-96.

[21]黄舒弈，张宇，徐卫国.机器人 3D 打印建筑的打印路径规划方法探索[J].建筑技艺，2022，28(07)：79-81.

[22]黎家昕，王金晶，吴连铭，罗川旭，姚昊翊.3D 打印技术在建筑行业的研究、应用现状与展望[J].科技风，2022(11)：78-83+157.

[23]华好，Benjamin Dillenburger，刘一歌. 性能化 3D 打印建筑——SEU-ETH 联合工作营[C]//全国高等学校建筑类专业教学指导委员会建筑学专业教学指导分委员会建筑数字技术教学工作委员会，中国建筑学会建筑师分会，DADA 数字建筑设计专业委员会.智筑未来——2021 年全国建筑院系建筑数字技术教学与研究学术研讨会论文集.华中科技大学出版社，2021：438-445.

[24]刘巧玲,赵宗志,杨钱荣.3D 打印建筑砂浆的工作性和可建造性及其影响因素[J].中国建材科技，2021，30(03)：84-88.

[25]杨钱荣，赵宗志，李晶，肖建庄，刘巧玲.3D 打印建筑砂浆流变性与打印性能及其相关性[J].混凝土，2021(01)：118-121.

[26]石威,安杰罗・贝佐尼.国外 3D 打印建筑消防安全有望纳入规范[J].中国消防，2020(04)：70-73.

[27]赵海平.融合 BIM 与 3D 打印技术的装配式建筑应用[J].建筑技术开发，2022，49(04)：99-102.

[28]蔡晓莉.浅析 BIM+3D 打印在装配式建筑中的应用[J].产业与科技论坛，2021，20(17)：50-51.

[29]罗毅.3D 打印建筑的应用与发展前景[J].深圳职业技术学院学报，2020，19(01)：34-39.

[30]潘建，袁雷，吴薇薇.装配式建筑在我国的发展现状及趋势[J].住宅与房地产，2017(24)：137+289.

[31]吴颖萍，严小丽，周迎雪.建筑业 3D 打印技术发展的阻碍因素分析及对策研究

[J].工程经济，2019,29(12)：51-54.

[32]程碧华，汪霄，潘婷.3D 打印技术在建筑领域的应用及问题探析[J].科技管理研究，2018，38(07)：172-177.

[33]周美琴.3D 打印技术在既有建筑改造中的应用研究[J].工程抗震与加固改造，2022，44(05)：179.

[34]左自波，黄玉林，张龙龙，袁烽，DECORTE Wouter.3D 打印技术及其在超高层建筑应用的可行性分析[J].建筑结构，2022，52(12)：95-101.

[35]沈炜，王建莹.基于 TPU 材料的 3D 打印技术在建筑模板中的应用[J].江苏建筑，2021(S1)：93-95.

[36]张宇昂.水泥 3D 打印技术在建筑领域的研究与设计[D].齐鲁工业大学，2021.

[37]林森.基于 EFF3D 打印技术的类岩石材料模拟方法研究[D].北京交通大学，2021.

[38]谭萍. BIM-3D 打印技术在异形混凝土构件施工中的应用研究[D].中北大学，2019.

[39]白永刚. 立井混凝土井壁 3D 打印技术室内试验研究[D].中国矿业大学，2018.

[40]董承浩. 基于粉床 3D 打印技术的液体和粉体间相互作用研究[D].东南大学，2020.

[41]董意辰.3D 打印技术价值二重性的研究[D].成都理工大学，2018.

[42]文博,叶红雨.夯实建筑设计教学的经验之塔——3D 打印技术及其在建筑设计教学中的应用[J].中国教育技术装备，2015(22)：49-51.

[43]任陆军.3D 打印技术——数字建筑领域新契机[J].西部皮革，2016，38(06)：13.

[44]林宣成，刘华刚.连续面成型光固化快速 3D 打印技术及其在建筑模型制作中的应用[J].中国激光，2016，43(07)：287.